"十三五"国家重点出版物出版规划项目

当代科学技术基础理论与前沿问题研究丛书

U0256850

光子学聚合物

聚合物波导结构及其对光的驾驭

张其锦 著

Photonics Polymer

Harnessing Light through Polymer Waveguide

中国科学技术大学出版社

内 容 简 介

光子学聚合物是光子学和聚合物科学交叉形成的科学研究领域。研究的基本科学问题是关于聚合物的相互作用；相应的表征量是折射率及其分布；材料的光波导结构是折射率分布的物质实体。作为这一交叉领域的一部专著，本书以聚合物光波导结构的设计、制备和性质研究为主线，从聚合物的分子结构、链结构和凝聚态结构入手，构筑有源、无源聚合物光纤，偶氮苯聚合物液晶和荧光波导太阳能收集器等，研究相关材料、器件的各层次结构与光子学性质之间的关系。

本书为发展光子学材料和器件提供专业基础和关键技术知识，可以作为相关领域研究人员的参考资料。

图书在版编目(CIP)数据

光子学聚合物：聚合物波导结构及其对光的驾驭/张其锦著. —合肥：中国科学技术大学出版社，2020.1
（当代科学技术基础理论与前沿科技问题研究丛书）
ISBN 978-7-312-04476-2

Ⅰ.光…　Ⅱ.张…　Ⅲ.光子—聚合物—研究　Ⅳ.①O572.31 ②O632

中国版本图书馆 CIP 数据核字(2018)第 147176 号

出版	中国科学技术大学出版社
	安徽省合肥市金寨路 96 号，230026
	http://press.ustc.edu.cn
	https://zgkxjsdxcbs.tmall.com
印刷	安徽国文彩印有限公司
发行	中国科学技术大学出版社
经销	全国新华书店
开本	710 mm×1000 mm　1/16
印张	10.25
插页	2
字数	207 千
版次	2020 年 1 月第 1 版
印次	2020 年 1 月第 1 次印刷
定价	40.00 元

序　言

光子学聚合物(Photonics Polymer)是由光子学与聚合物科学交叉而形成的新兴研究领域。使用"光子学"(Photonics)与"聚合物"(Polymer)两个名词来构成这一新领域的名称,目的是突出这一领域是由聚合物科学和光子学进行交叉而形成的特点。要想了解这一特点的内涵,就需要从聚合物材料的基本性质和发展过程说起。

作为可以从分子水平进行剪裁的人工合成材料,聚合物是近一百多年才发展起来的化学合成材料。在与聚合物相关的科学研究工作中,最基本的科学问题是聚合物结构与其性能的关系。聚合物结构通常分为一次结构(化学结构)、二次结构(链构象结构)和三次结构(凝聚态结构)。这些不同层次的结构都可以通过光化学方法进行构筑和使用光物理方法进行表征。反过来,上述多层次结构也给聚合物带来各种光化学和光物理性质,使得光与聚合物的相互作用成为一个研究内容极为丰富的研究领域[1,2]。这一领域的研究工作不断提出新的科学发现和应用技术,极大地丰富了聚合物科学及其在光学领域的应用,也为光子学的进一步发展奠定了材料基础。

自20世纪60年代以来,以光的量子化为基础的光子学进入了突飞猛进的发展时期。这一飞跃得以启动的原因在于激光技术[3]和光纤技术[4]的诞生,以及建立在这些技术之上的光纤通信带来的互联网络的产生和普及,这些技术全面改变了人类的生活,使得人类社会开始进入信息化社会。这一变化也影响着光与聚合物相互作用的研究领域。最明显的结果是上述三个结构层次与光的作用已经不能满足光子器件发展的需要,一些更高层次结构正在慢慢出现在研究工作中,其中典型的例子就是光纤波导结构条件下的光与聚合物的相互作用[5-7]。这些结构的尺度多处于光波长范围,是形成各种光子器件的必要组成部分。在将聚合物应用于各种光子器件之前,需要在清楚认识聚合物三个层次结构与光相互作用的基础上,充分了解这一波长尺度的器件结构与光的相互作用。为了涵盖这样一种器件结构与光相互作用的丰富内容,光子学聚合物应运而生,形成了以聚合物多层次结构(包括波导结构)与光相互作用为基础研究内容的、面向未来社会发展所需的光子学器件的交叉研究领域。表征这一相互作用的本征量是物质的折射率,它包括光与物质的弹性相互作用和非弹性相互作用。物质折射率的研究可追溯到牛顿的棱镜实验。光学和材料科学的新发展表明:折射率涵盖的材料各层次结构与性质的关系仍然充满很多未知规律;同时,运用折射率与材料结构之间的科学规律来设计和制备新材料和新器件也是人类面临的巨大挑战。上述两方面的认知给光子学聚合物提供了无限的发展空间。

　　同任何学科发展过程一样,光子学聚合物的相关研究工作也是先于概念提出的。就作者所熟悉的聚合物光纤工作来说,最早的有源聚合物光纤工作可以追溯到 20 世纪 60 年代[8]。研究结果表明:在波导的约束下,激光增益会随着光纤长度的增加而增加。发展至今的五十多年中,"光子学聚合物"这一名词已经出现在国内外相关研究领域的介绍中。例如,美国 Akron 大学与空军联合建立实验中心,进行光子学聚合物领域的科学实验研究[9],日本庆应大学在多年梯度折射率光纤研究的基础上,建立了光子学聚合物实验室[10]。在学术期刊中,相关的研究工作也被整理成专辑出版[11,12],而相关专著也陆续出现[7]。在国内,相关的研究工作与国际上是同步的,而明确地讨论光子学聚合物内涵的工作可以追溯到 2006 年在北京香山举办的第 287 次香山科学会议[13]。这次名为"聚合物光子学"的学术讨论会由光子学领域和聚合物科学领域的研究人员共同参加,他们对光子学聚合物的内涵进行了初步探讨,明确了光子学聚合物在未来将随着"一系列技术的深入发展,形成我国具有自主知识产权的系列高新技术产品"[13]。进入新的世纪,光作为信息和能量载体的概念日益普及,驾驭光已经成为科学技术领域的新前沿,已经成为一个十分活跃的研究工作领域,并正在向纵深发展[14,15]。

　　作为一本专著,本书无意综述所有与光子学聚合物相关的工作,只是对本课题组的研究工作进行介绍和总结。在长达近三十年的研究工作中,作者既有偶然闯进这一领域的好奇和欣喜,也有工作中遇到新的科学机遇和挑战时的艰难,更有如今回头追溯每一个进展时的沧桑感受。虽然现在已经有了一些英文著作[16-19]来综述相关工作,但总感觉不尽如人意。一方面,主要是受语言的限制,很多细节和思考不能表达出来,而这些只有使用母语才能够达到;另一方面,多年研究工作中的经验总结往往超出发表学术论文的要求,很难通过学术论文进行交流。据此,使用母语将自己多年的工作经历介绍出来,已成了我心中存在的很奢侈的愿望。要实现这一个愿望,就从今日起步,希望日积月累,能够尽快完成。

　　特别需要说明的是,本书的相关内容是从聚合物材料角度来介绍作者对光子学的理解,只能给相关领域的研究人员提供一个认识上的参考。以作者长期工作在光子学聚合物领域的经验来看,这是非常必要的。然而,从光子学角度来看,相关内容过于定性描述,缺少使用严格的数学工具对光与聚合物的相互作用进行的定量描述,以及缺少深入、准确的光子学文献引用。这就难免会增加读者获得相关光子学准确知识的困难。这完全是作者自身学术积累的原因,敬请读者理解。另外,由于作者研究工作的局限性,本书不可能全面、详细地介绍光子学聚合物领域。本书的主体内容只能结合作者自己的研究工作,围绕聚合物的结构与性质关系这一主题,进行部分专业知识的介绍。主要内容包括聚合物的光纤材料和性质,光响应偶氮液晶聚合物的结构与性能,稀土掺杂聚合物材料的发光性质及其在光信息、太阳能和光传感等方面的应用,等等。在撰写过程中,作者尽量收集大量的相关文献,使得读者能够从中获得更多的信息和资料(需要深入学习的读者,可以在中国科学技术大学出版社网站 http://press.ustc.edu.cn 上免费下载)。

本书是作者多年来在光子学和聚合物科学形成的交叉领域开展研究的结果。这些成果归功于所有参加研究工作的人员,特别是活跃在科学前沿的众多研究生。他们的研究成果将不断出现在本书的参考文献中,在此一并致谢。最后,还要感谢国家自然科学基金多年来的持续支持,给这一探索性的研究工作提供了坚实的保障。

2017 年 11 月 15 日于合肥

参 考 文 献

[1] Schnabel W. Polymers and light: Fundamentals and technical applications [M]. Weiheim: Wiley-VCH, 2007.

[2] Aline N S. Photochemistry and photophysics of polymer materials[M]. New Jersey: John Wiley & Sons, 2010.

[3] Maiman T H. Stimulated optical radiation in ruby[J]. Nature, 1960,187:493.

[4] Kao K C, Hockham G A. Dielectric-fibre surface wave guides for optical frequencies [J]. Proceedings of the IEEE, 1966,113(7):1151.

[5] Daum W, Krauser J, Zamzow P E, et al. POF: Polymer optical fibers for data communication[M]. Berlin: Springer, 2002.

[6] 江源,邹宁宇. 聚合物光纤[M]. 北京:化学工业出版社,2002.

[7] Koike Y. Fundamentals of plastic optical fibers[M]. Weiheim: Wiley-VCH, 2014.

[8] Wolff N E, Pressley R J. Optical maser action in an Eu^{3+}-containing organic matrix[J]. Appl. Phys. Lett., 1963,2:152.

[9] http://www.uakron.edu/about_ua/news_media/news_details.dot? newsId = 9186&pageTitle = Research% 20News% 20Archives&crumbTitle = UA,% 20Air% 20Force%20Create%20Polymer%20Photonics%20Center.

[10] http://www.jst.go.jp/erato/en/research_areas/completed/kfp_P.html.

[11] Dalton L, Canva M, Stegeman G I, et al. Polymer for photonics applications. I [M]// Advanced in Polymer Science. 158. Berlin: Springer, 2002.

[12] Kajzar F, Lee K S, Alex K Y, et al. Polymer for photonics applications. II [M]// Advanced in Polymer Science. 161. Berlin: Springer, 2003.

[13] http://www.xssc.ac.cn/ReadBrief.aspx? ItemID=438.

［14］ 美国国家研究理事会.驾驭光：21世纪光科学与工程学［M］.上海应用物理研究中心，译.
上海：上海科学技术文献出版社，2000.

［15］ 美国国家研究理事会. Optics and photonics，essential technologies for our nation［M］.
Washington，D. C. ：The National Academy Press，2013.

［16］ Zhang Q J. Gradient refractive index distribution of rare-earth-doped polymer optical
fibers［M］//Polymer Optical Fibers. California：American Scientific Publishers，2004.

［17］ 张其锦.聚合物多层次结构中稀土络合物的光谱性质［M］.合肥：中国科学技术大学出版
社，2009.

［18］ Luo Y H，Zhang Q J. Azobenzene containing polymers：fundamentals and technical
applications［M］//Advances in Condensed Matter and Materials Reseach. 7. New York：
Nova Science Publishers，2010.

［19］ Luo Y H，Zhang Q J，Peng G D. BDK-doped Polymer Optical Fiber（BPOF）gratings：
design，fabrication and sensing application［M］//Optical Fibers：New Developments.
New York：Nova Science Publishers，2013.

目　　录

第1章 光和聚合物

光是什么？自从有人类文明记载以来，这个问题就一直存在，至今仍没有明确答案。在早期，人类对与光相关现象的迷惑不解直接导致对光的崇拜。在各民族的文明发展过程中，都能找到人对太阳（光）崇拜的记载。2001 年，在成都金沙遗址发现的太阳神鸟金箔，表现的就是古蜀人对太阳的崇拜，它已成为中国文化遗产的标志[1]。从人类认识光的历史来看，从几何光学到波动光学，再到电磁光学，最后到达今天的量子光学，人类对光的认识是不断接近光的本质的过程，而到目前为止，这一过程的终点还远远没有达到。例如：光如何能够同时具有波动性质和量子性质的波粒二象性？这一问题仍然激励着人们的好奇心[2-4]。在对这些未知世界的探索中，一个不争的事实是：人们对光的所有了解都是从光与物质的相互作用中完成的。在这样一个内容丰富的领域，最简单的相互作用是光与无结构的均匀介质的相互作用。同时，给出光与各层次物质结构相互作用的精确解现在仍然是一个尚未解决的难题。

针对这一难题进行探索是本书所有研究工作的终极目标，具体的研究目标则是来自材料、信息、生命等领域的应用需求，相关的研究工作内容则是在已有光子学和聚合物科学知识基础上的交叉与发展。详细地介绍两大领域的已有知识已经超出了本书的范围，较为全面的光子学知识介绍可参考相关书籍[5]，本章内容仅为本书研究工作所涉及的相关光学知识。本章最后将简略介绍聚合物科学基础以及作者自己的相关研究工作进展，包括对光与物质相互作用的本征量的初步探索。

1.1 光与无结构均匀介质的相互作用

几千年来人们对光的研究，从几何光学到量子光学，已经完成对光的基本性质的描述：光的本性是运动的能量。按照经典的电磁理论，在光源物质中，大量分子、原子构成的电偶极子会发生振动，造成周围电场和磁场的周期变化，形成光场。在无结构均匀介质中，光由光源位置向非光源处传播（能量梯度驱动），电场和磁场互相垂直，并均垂直于光的传播方向，三者构成右手螺旋定则，即光的传播方向为右手拇指方向,其余四指的旋转方向是由电矢量方向指向磁矢量方向。就已有的知识而言,自然界存在的光均符合右手定则。由上述描述可知:光的传播具有横波性质,并可以用几个特征量来描述,比如光速、光强、偏振态、波长和相位。由电磁理论中的 Maxwell 方程,可以得到光的动态、三维电磁波矢量模型,其内容显然超出本书的范围。这里只是简单地给出光的一维电磁波标量模型,其中包含研究光与物质的相互作用要涉及的与光性质相关的几个特征量:

$$U(P,t) = A\cos\left[\omega\left(t - \frac{x}{v}\right) + \varphi_0\right] \tag{1.1}$$

相对应的简谐波图像如图 1.1 所示。

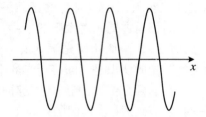

图 1.1　光沿 x 方向传播的余弦波图像示意图

方程(1.1)表明光的能量分布是空间位置(P)和时间(t)的函数,其中 $\omega = 2\pi\nu = 2\pi v/\lambda$ 称为圆频率,是与光的波长(λ)和速率(v)相关的参数;A 是最大振幅;t 是时间;φ_0 是初始相位。无结构均匀介质是指介质的介电常数是均值且各向同性的。在这样的介质中,光可以进行无损耗的传播,使用几何光学就可以进行描述。这种无损传播当然是理想化的。实际上,光的两个基本属性——能量属性和光速最大属性,都带有公理的含义,既是光学基础,又有待深入认识。正如量子力学理论突破了经典力学理论一样,随着对光的认识不断深入,对光与无结构均匀介质之间的相互作用会更为具体。在目前条件下,光与无结构均匀介质的相互作用是理想化的,具有绝对的意义,常作为表征光与物质的相互作用的参考。相关内容包括下述基本概念。

1.1.1　光程

在几何光学中,光学介质是由折射率来定义的,而折射率是光在自由空间中的速率(v_0)与在给定无结构均匀介质中传输速率(v)的比值。在无结构的均匀介质中,光传输距离为 d 时所用的时间,即 $d/v = nd/v_0$。这个时间($t = d/v$)正比于 nd,而 nd 称为光程(Optical Path Length)。很显然,光程是一个与传输介质相关的长度,且等于传输时间乘以光在自由空间中的传输速率。一个明显的推理就是:光在不同介质(不同折射率)中等距离传输时,所需时间不同。

与光程概念相关的基础性原理是费马原理(Fermat's Principle):当光线在非均匀介质中 A,B 两点间传播时,所采用的途径要保证传播的光程与采用其他相邻途径所需的光程相比是极值。从数学上讲,极值可以通过对光程定义式微分求得,但极值可能是最大,也可能是最小,也可能是一个拐点。通常情况下,光线沿所需时间最少的途径传输,即选择最小极值光程。由此产生一条推理:光线在均匀介质中沿最小光程进行传播。

在本书的余下内容中,这一几何光学原理被用于确定光在均匀介质中传输的规则,在不同介质的交界处的反射和衍射的规则,以及在不同光学器件中传输的规则。在无需对光的本性再进行任何假设或指定新规则的条件下,这一原理已经成功地应用于无数个光学系统。

1.1.2　光的传输

在无结构的均匀介质中,折射率是均一的实数值,导致一定波长的光在其中的传输速率也是均一数值。由费马原理的要求可知,光线将沿着最小光程(最短距离)传播。由最短距离原理可知,两点之间的最短距离是两点间的直线长度。因此,在均匀介质中,光以直线传播。那么,在非均匀介质中,光又会怎样传播呢?完整、定量地回答这个问题已经超出本书范围。本节内容仅从几何光学角度半定量地介绍部分规律。

1.1.3　在界面处的反射、折射和倏逝场

最简单的反射现象见于日常生活中的镜子,而最简单的镜子是由抛光的金属面制成的。使用其他各种具有高介电常数的材料在低介电常数的透明平面材料(如玻璃)背面上形成的薄膜也能制成镜子。

从材料角度看,反射面是由两种具有不同介电常数(折射率)的材料构成的界面。光线从一种材料进入另一种材料时,会在界面处发生反射和折射。例如,在空气和镜面材料构成的界面,光线按照反射定律从镜子反射回来:反射光线与入射光线处于同一平面,且反射角等于入射角。如图 1.2 所示。

从图 1.2 中可以看出,入射平面是由入射线和入射点处垂直于镜面的法线构成的平面。入射角和反射角分别为 i 和 i'。由费马原理可以证明:$i = i'$。

一般而言,在两种均匀介质形成的界面上,即在一个界面的两侧分别具有 n_1 和 n_2 两种折射率,则从一侧入射的光会在界面上的入射点处分为两束光:反射光和折射光。如图 1.3 所示。

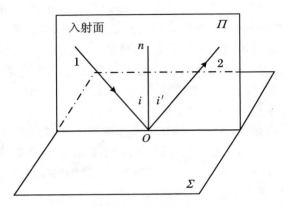

图 1.2　光在镜面(Σ面)反射时,光线方向示意图

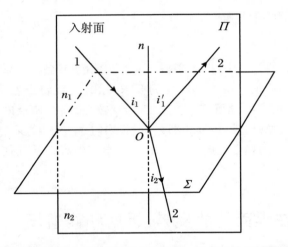

图 1.3　光在两种均匀介质的界面(水平面)上 O 点处的反射与折射示意图

图 1.3 中所示的折射线方向是由折射定律(又称斯涅尔(Snell)定律)来决定的:折射线处于入射平面(Π 面)内,与法线所形成的角为折射角,与入射角的关系满足:

$$n_1 \sin i_1 = n_2 \sin i_2 \tag{1.2}$$

由费马原理可以证明折射定律,而由折射定律可以很容易得到如下结果:

(1) 在均匀介质中,由费马原理可知,光线是沿直线传播的,进一步推理可知,光线从 1 到 2 的途径与光从 2 到 1 的途径是重合的。换言之,光线传播途径是可逆通行的。这时入射角和折射角完全是等价的,使用时必须要注明角度所处均匀介质的折射率数值。

(2) 在图 1.3 中,$n_2 > n_1$ 的条件下,折射角小于入射角。而且随着折射角增加,入射角也增加,并将首先到达 90°角,相应的正弦函数值为 1。由第(1)点所述的光的可逆传输特性可知,光线从光密介质(具有较大折射率)进入光疏介质(具有较小折射率)时,在一定入射角度条件下,光将不会折射,只发生反射。这一现象被称为全反射。

(3) 全反射条件下的临界入射角可以由下式计算得到

$$i_c = \arcsin \frac{n_1}{n_2}, \quad n_2 > n_1 \tag{1.3}$$

其中,i_c是在$i_1 = 90°$时的入射角i_2,称为发生全反射的临界入射角。

值得指出的是:这里限于讨论均匀介质的情况。从物质与光的相互作用角度可知,折射率是物质介电常数的函数。物质介电常数及其分布变化能够造成折射率的变化,随之临界角也会变化。

全反射角的概念有很多应用,其中之一是光波导。光从一处传播到另外一处有很多种方法。如图1.4所示,可以通过一系列透镜构成的透镜阵列来完成(图1.4(a)),也可以通过很多反射镜来完成(图1.4(b))。由于这些方法中使用的透镜或者反射镜多少都会吸收部分传输的光,所以传输的光有很大损耗。特别是需要传输很远距离时,这种多个界面形成的传输系统的损耗累积起来会更大,所以只有通过特殊加工各个原件来将损耗降到最低,才有可行性。然而,这种损耗最低的原件需要很高费用,构筑的传光系统使用起来也很繁琐。理想的传光系统是建立在全反射概念基础上的光波导方法(图1.4(c))。光在两种介质的界面处发生全反射,使光向前传播。按照此原理制备的玻璃光纤和聚合物光纤能够将光传递到几十米远至几十公里的地方,而只有很少的能量损耗。值得指出的是:尽管在反射和折射定律中没有包含能量的内容,但在光与物质的相互作用中能量损耗是无可避免的。现实条件下,如何降低光传输损耗一直是光波导研究中的一个基础性问题。

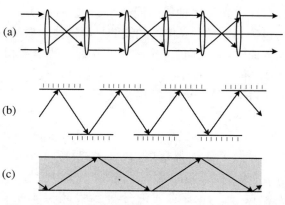

图 1.4　光从一处传播到另外一处的多种方法示意图
(a) 透镜列阵方法;(b) 反射镜方法;(c) 光波导方法

在无结构均匀介质条件下的反射和折射过程中,光与物质的相互作用是弹性的,不存在非弹性相互作用造成的能量损耗,光的能量是守恒的。从(1.1)式可知:

除了能量和传播方向以外,光的特征量还包括光的相位。光在两种均匀介质界面处的反射和折射会伴随着光的相移。相移与光的反射和折射关系已超出本书范围,在此仅简单介绍与相移相关的光的偏振在反射和折射过程中的变化。

上面已经讨论了不同介电材料构成的界面对光(能量)的传播方向的影响,下面简单介绍光在不同界面处的偏振变化。需要指出的是:只考虑弹性相互作用条件下,界面处的偏振变化也是守恒的。严格的光学理论模型(如斯涅尔公式或斯托克斯公式)可以定量地给出光的偏振变化的情况,详细的内容可以在相关教科书中查找[6,7]。这里只给出如下定性介绍。

光是横波,其振动矢量方向与传播方向垂直,因此不具有以传播方向为轴的对称性。这种不对称现象称为光的偏振。在垂直于传播方向的平面内,光的振动矢量(由互相垂直的电矢量和磁矢量构成,两矢量与传播方向的关系符合右手定则,即右手的拇指方向为光的传播方向,其余四指的旋转方向是由电矢量方向指向磁矢量方向。在这一正折射率体系中,使用电矢量单一地、形象地表示光的振动矢量,会使得分析简化和形象化)具有各种不同的振动状态。这些不同的振动状态为光波的偏振态,常见的共有三类七种:① 完全偏振(线偏振、圆偏振、椭圆偏振);② 非偏振;③ 部分偏振(部分线偏振、部分圆偏振、部分椭圆偏振)。为简化计,这里也只讨论线偏振在反射和折射过程中的变化。其余各种偏振状态皆由这一简单偏振态合成,理论上可以从简单线偏振的变化去进一步分析。另一方面,按照右手螺旋定则,知道了电矢量的振动方向,就可以确定磁矢量的振动方向。

何谓线偏振光? 在垂直于光传播方向的某一平面内,光的电矢量(以下简称"光矢量")只改变大小而不改变方向,矢量末端在平面内的运动轨迹是一条直线,故称之为线偏振光。在某一时刻,从垂直于光传播方向的角度观察,光传播方向上各点的光矢量都分布在含光传播轴线的同一平面内,所以线偏振光又称为平面偏振光。而这样一个包含光矢量和光传播轴线的平面被称为振动面。当一束线偏振光以一定角度射向界面时,一般而言,光矢量可分解为两个互相垂直的分量:在入射平面(参见图1.3)内有一分量,称为平行分量(常用 p 或 TM 表示);在垂直于入射面的平面内的分量,称为垂直分量(常用 s 或 TE 表示)。这两个分量在界面处的折射和反射行为是不一样的。

对光的偏振研究始于实验观察。继马吕斯(Etienne Louis Malus,1775～1812)对反射光的偏振做了详细观察以后,布儒斯特(David Brewster,1781～1868)也做了大量的实验,并最终在1815年发现:当反射光与折射光的传播方向垂直时,发射光为线偏振光。详细的理论分析已经超出本书内容,其主要结论如下[5]:

(1) 当入射角很小时,TE 和 TM 的反射系数和折射系数随角度变化都不变化。

(2) 当入射角增加时,垂直分量的反射系数和折射系数的变化趋势相同,总是随着入射角的增加而单调增加；而平行分量的反射系数和折射系数的变化趋势则是先下降，在某一角度等于零后，再上升。而等于零时的特殊入射角称为布儒斯特角（Brewster's Angle）。

由上述结论可以得到一个推论：当自然光的入射角为布儒斯特角时，反射光与折射光的传播方向互相垂直，且反射光皆为垂直于入射面振动的线偏振光。

特别需要指出的是，除了在理想界面上反射、折射所表现出的特殊的光偏振性质之外，光的偏振特性还具有广泛的应用，部分内容将在相关章节中介绍。

从图 1.4(c) 可看出，全反射是光纤波导输送光的基本原理。在纤芯材料的折射率高于外界材料折射率的条件下（图 1.4(c) 中纤芯材料用阴影表示具有较大折射率的光密介质），光纤芯外表面为可能发生内反射的界面。若入射角大于临界角，则光束发生全反射。实验观测和理论计算都表明光束能量全部反射回光密介质。然而，依据电磁场的边值关系，光的电、磁矢量均具有切向连续性，入射光会进入到界面的另一边，即光场将延伸到光疏介质中。详细的理论计算表明：光场在光疏介质中确实存在，具有通常行波的时空周期性，被称为倏逝场（Evanescent Wave，也常译成隐失波或倏逝波）[7]。在光疏介质中，扩展深度（d）定义为光振幅衰减为原来 $\frac{1}{e}$ 时的空间尺度，即

$$d = \frac{\lambda}{2\pi \sqrt{(n_1 \sin i_1)^2 - n_2^2}} \tag{1.4}$$

其中，i_1 为入射角，n_1 和 n_2 分别为光密介质和光疏介质的折射率。从上式可以看出：扩展深度 d 的数值具有光的波长数量级。作为表面近场光源，倏逝场既可以用于各种波导探针的光源，也可以引发光波导表面的光聚合反应，制备具有各种不同功能的聚合物包层。

1.2　光的吸收与发射

无结构的均匀介质只是一种理想假设。实际上，物质是由分子、原子所构成的，即原子或分子是保持物质性质的最小粒子。物质结构理论表明：宏观物质是由多层次结构构成的。除了物质结构以外，多层次结构的物理内涵还包括各种稳态能级及相应能量关系。这些能级和相关能量关系的一个特点就是分立性，是量子化的。就物质对光的吸收而言，只有与光的能量相匹配的物质能级，才能与光产生共振，发生共振吸收。这种相互作用的大小构成复折射率的部分虚数值。值得指出的是，能级匹配仅是吸收相互作用的必要条件之一。在满足这一必要条件之上，其他条件也会影响物质的光吸收过程，并带来丰富的研究内容。本节将从聚合物的物质结构出发，讨论聚合物对光的吸收与发射。

聚合物本质上是一种分子量特别大的分子。聚合物的一级结构是化学结构，其包括原子种类和相互键接的方式。构成聚合物的原子多是碳、氢、氧。这些原子的吸收波长都处于深紫外区域或能量更高的能级区域，此内容已超出本书讨论的范围。一方面，当这些原子通过化学键连接形成各种基团后，例如羰基、烯基和炔基等等，光吸收均处于紫外波长；当这些基团通过化学键连接在一起后，所形成的非共轭分子具有相同的吸收。另一方面，若这些基团通过化学键连接在一起，并形成分子内共轭结构，则会造成吸收的红移，即移向较长波长位置。一般而言，共轭区域越大，最高占有轨道和最低空轨道之间的能量差越小，造成吸收光谱发生红移的程度越高。对于常见的有机共轭体系，吸收光谱常处于可见光波长区间。能量差更小的大共轭结构很难获得，这使得吸收达到近红外波长的有机材料很少见。综合两方面的考虑，聚合物一级结构能够吸收的光多处于可见光（400～700 nm）区域，部分在近红外区有吸收。值得指出的是：各种化学基团的振动吸收及它们的倍频吸收会出现在紫外及近红外的波长范围。这种吸收虽与分子能级跃迁无关，但也是聚合物吸收光谱的一部分，对聚合物的光子学性质也会造成影响。

在了解了上述化学结构决定的光吸收性质以后，考虑一下物质吸收过程的时间尺度是很有意义的。众所周知，光的速率处于每秒 30 万公里的数量级。在不同介质中的速率会有一些改变，但是这些改变均没有数量级的变化。同时，一个分子尺寸大约在一纳米，由此很容易得知光经过一个分子的时间大约为 3×10^{-16} s。这个时间小于分子吸收光子的时间尺度 10^{-15} s。这说明：在分子吸收一个光子的时间内，会有多个光子经过吸收分子。这是在设计单分子光子学器件时要考虑的因素之一。对于宏观材料体系（如薄膜），在光吸收过程中，入射的光子数目和吸收的分子数目是不相等的，这是造成材料吸光度不同的主要因素。另外，位置保持不变的分子振动时间尺度大于 10^{-12} s，远大于分子吸收光子的时间尺度，可见，分子振动不会影响分子对光子的吸收。

为了保证在 10^{-15} s 内完成光子的吸收，需要两个前提条件：

一是分子需具有相应的分子能级，其中某两能级之间的能量差要与入射光子的能量相匹配，即

$$h\nu = E_n - E_0 \tag{1.5}$$

其中，E_n 和 E_0 分别是激发态（最低空轨道）和基态（最高占有轨道）对应的能量。

二是光吸收过程是分子从基态能级跃迁到激发态能级（等同于光电子模型中电子从基态能级跃迁到激发态能级），这必然造成分子内电荷分布的变化，即分子偶极矩发生变化。根据量子力学原理，只有跃迁偶极矩 M 具有非零值时，量子的吸收才是允许的。由于 M 是一个三维坐标系中的三维向量（如方程（1.6）所示），上述原理要求 M 至少在某一维方向上具有非零值。即

$$M = M_x + M_y + M_z \tag{1.6}$$

M 值由三部分积分构成：

$$M = \int \psi_v^* \, \psi_v \mathrm{d}\tau_v \int \psi_e^* \, \mu_{dp} \, \psi_e \mathrm{d}\tau_e \int \psi_s^* \, \psi_s \mathrm{d}\tau_s \qquad (1.7)$$

其中，ψ_v，ψ_e 和 ψ_s 分别为分子振动、吸收和自旋的基态波函数；星号表示相应的激发态波函数；μ_{dp} 是电偶极矩算子；$\mathrm{d}\tau_v$，$\mathrm{d}\tau_e$ 和 $\mathrm{d}\tau_s$ 为各自在三维方向的变化：$\mathrm{d}\tau = \mathrm{d}x \times \mathrm{d}y \times \mathrm{d}z$。

方程(1.7)中的三个积分是吸收选择定则的基础，用于决定哪一个跃迁是允许或禁阻的。$\left(\int \psi_v^* \, \psi_v \mathrm{d}\tau_v\right)^2$ 是 Franck-Condon 因子，$\int \psi_s^* \, \psi_s \mathrm{d}\tau_s$ 则与分子激发态和基态的自旋性质相关。如果三个积分中的任何一个为零，则相应的跃迁是禁阻的。例如，单线态和三线态两个不同系统之间的能级跃迁的最终跃迁概率只能从二级近似得到。Franck-Condon 因子表征激发态波函数与基态波函数之间的重叠程度，对跃迁概率有影响。相应的 Franck-Condon 定则为：若基态和激发态的几何形状相同，重叠程度最大，则跃迁概率最大。对方程(1.7)更详细的解释已超出本书的范围，读者可以参考并阅读相关专著[8]。

考虑能级和偶极两个条件，分子吸收光子时，能级跃迁的发生概率由谐振强度（无量纲）f 给出，它与跃迁偶极矩的平方成正比[9]：

$$f = 8.75 \times 10^{-2} \Delta E \, | M |^2 \qquad (1.8)$$

其中，ΔE 等于 $E_n - E_0$（单位为 eV）。大的 f 值相应于强吸收和激发态的短寿命。最大时，$f = 1$。

值得指出的是，式(1.8)给出的能级跃迁概率（相当于宏观的吸收强度）与跃迁偶极矩的平方成正比，看似与偶极矩（向量）的方向无关，实际上，光的电矢量与偶极矩之间的夹角与吸收直接相关：平行时吸收最强，垂直时则不吸收，即式(1.8)中的偶极矩数值应是偶极矩在光的电矢量方向的分量。

实验上，光的吸收性质是通过测量吸收光谱而进行表征的。吸收光谱是波长（λ）或波数（$\nu = 1/\lambda$）与通过具有一定单位尺寸（通常为 1 cm）样品的透射光强度所构成的函数曲线。对于含有一定浓度 c（mol·L^{-1}）的吸光化合物和一定长度 d（cm）的光通过路径的均匀、各向同性的吸光系统，其吸收可以通过方程(1.9)给出的 Lambert-Beer 定律来描述：

$$A = \lg \frac{I_0}{I} = \varepsilon cd \qquad (1.9)$$

其中，A 是吸光度（消光度）；I_0 和 I 分别是吸收前、后的光强，与之等价的表述分别为入射辐射流量和透过辐射流量；ε（L·mol^{-1}·cm^{-1}）是给定波长处的摩尔消光系数。Lambert-Beer 定律在高强度光条件下并不适用，比如在激光条件下。谐振强度 f 与消光系数的积分 $\int \varepsilon \mathrm{d}\nu$ 相关，具体函数关系见方程(1.10)，其中，ε 和 ν 的单位分别为 L·mol^{-1} 和 cm^{-1}[9]：

$$f = (2.3 \times 10^3 c^2 m/(Ne^2\pi)) F \int \varepsilon \mathrm{d}\nu = 4.32 \times 10^{-9} F \int \varepsilon \mathrm{d}\nu \qquad (1.10)$$

其中，c 是光速；m 和 e 分别是电子的质量和电荷；N 是 Avogadro 常数；F 因子接近于 1，其反映溶剂效应，直接取决于吸收介质的折射率。ε_{max} 定义为吸收最大值处的消光系数，是吸收强度和相应能级跃迁允许程度的度量。

在光子能量与基态分子能级间能量相同的条件下，光子的电矢量与分子能级的偶极之间发生耦合并促成光吸收。吸收能量后的基态分子成为激发态分子。激发态分子的能量大于基态分子的能量，是不稳定状态，将自发回到基态。回到基态的路径，则与分子能态和相应的偶极振动频率相关。就发光途径而言，能量大小决定发光波长，而振动频率决定发光强弱。振动频率的倒数是振动时间，振动时间较长的能态称为亚稳态。在周围环境影响下，受激分子形成的第一激发态会弛豫到振动频率较小、寿命较长的亚稳态。受激分子亚稳态回到基态时，相应的能量以光能释放出来（光的发射）。为什么第一激发态不会直接回到基态发射出荧光呢？这主要由返回基态和弛豫到亚稳态两个过程的发生概率决定。如果振动频率大，能级寿命短，则返回基态的能量主要以振动方式释放，即转变为热能，所以观察不到荧光发射。

需要重复阐明的是：在激发态回到基态的过程中，除了光发射这一降低激发态能量的过程以外，还有各种不同消耗能量的过程同时发生。最典型的例子是热弛豫过程。一方面，这些过程相互竞争，能够使激发态分子较快地回到基态的过程会优先发生。对于发光分子来说，相比热弛豫，光发射能够使激发态较快地回到基态。另一方面，基态分子的自旋状态稳定。在激发过程中，分子自旋既可以保持，也可能翻转。所以，在激发态分子的能级中，既有自旋没有翻转的单线态能级，也可能出现自旋发生翻转的三线态能级。三线态回到基态仍然需要自旋翻转，这是一个概率较低的过程，造成三线态的寿命通常长于单线态的寿命。按照激发态寿命的长短，发射光可分为荧光（寿命较短）和磷光（寿命较长）；按照发光的波长可分为可见光发光、近红外发光和红外发光等等。相应的能量转换过程总结在能级图中（图 1.5）。

从上面的描述可以看出：分子的吸收和发射过程是分子的性质，与分子结构及相关的能态变化相关，而发射过程所涉及的亚稳激发态是较高能量的激发态发生弛豫而产生的，与激发态和亚稳激发态的结构及相关变化相关。对于多激发态能级系统，长时间的实验观察得到的经验规则（Kasha 规则）是：荧光和磷光发射多源自最低激发态。也就是说，分子的发射光谱与激发波长无关。然而，作为经验规则的例外，也发现有些分子的荧光发射出现在较高能量的激发态能级到基态能级的跃迁中。一般而言，分子结构以及激发态结构与周围环境（凝聚态结构）会发生相互作用，导致吸收和发射过程会随着周围环境的变化而变化。不仅如此，上述吸收和发射过程还与发光分子之间相互作用产生的发光分子聚集状态相关，这给发光材料研究带来了丰富的内容。比如聚集诱导发光（Aggregation-Induced Emission）过程（分子在溶解状态条件下不发光，一旦聚集起来就会发出特定波长的荧光[10]）、发光分子的浓度淬灭[11]，以及荧光的温度淬灭[12]等等。

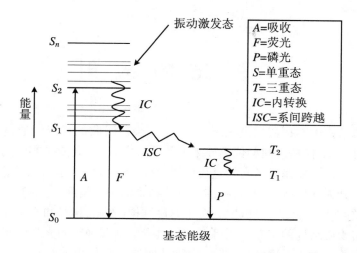

图 1.5　描述分子吸收与发射过程的雅布伦斯基（Jablonski）能级图

A,F 和 P 箭头线分别表示吸收过程、荧光过程和磷光过程中的光子数量（长度）和能量转换方向（箭头）。S 和 T 直线为各转换能级之间的相对大小。激发态能级线的粗细表明能级寿命。为简洁计,图中仅给出部分能级线

　　在一定波长光的激发下,亚稳激发态的能量低于激发态的能量,造成发射光的波长比吸收光的波长要长。这种波长的移动常称为斯托克斯位移。这个以人名命名的波长红移现象是为了纪念 1852 年发现这一现象的斯托克斯（George Gabriel Stokes）[13]。Stokes 位移的大小与吸收光谱和发射光谱之间的重叠程度直接相关:由于基态到激发态的过程中,主能级中的亚能级保持不变,所以吸收光谱和发射光谱会发生重叠,造成处于基态的分子会部分吸收周围分子所发射的荧光或磷光。这一性质在有源光波导中尤为突出（自吸收损耗）,详细讨论将在相关章节进行。

　　在强光源（激光）的激发条件下,物质的吸收会表现出非线性,即通过虚能级将低能量的光子泵浦到高能级上面,随后产生的亚稳激发态能量则会大于激发光的光子能量。这时,发射波长短于激发光波长的现象就会产生,发射波长出现在较高能量的短波长区内。这种反向蓝移现象也称为反斯托克斯位移或能量上转换。除了这种利用高强度激光激发的多光子过程之外,在普通光源激发下,通过三线态湮灭来获得能量好转换的工作也获得了重视,相关报道也很多[14,15]。两种能量上转换现象的差别在于激发光的强度不同:前者属于非线性光学现象,需要高强度激光进行激发;后者能够在弱光下发生。但是,上转换过程要经过三线态之间的能量交换,交换能力与分子结构和分子所处的高层次结构有密切的关系。

　　光致发光有很多应用。例如,光致发光过程可以用于产生激光,其中的关键因素是发光材料的放大自发辐射和谐振腔[16];有源光纤的光致发光还可以用来制备光纤放大器[17]。另外,上面已经提到的斯托克斯位移也是很重要的光子学参数。

例如,对于波导太阳能收集器来说,自吸收损耗是提高太阳能收集效率的关键因素[18]。

1.3　光 的 散 射

当物质结构中不存在相应能级时,光是不会被吸收的。当光通过非吸收的不均匀介质时,光的传播方向会偏离原来的传播方向,即从光传播方向的侧向也能够观测到光。这一现象违背了光的直线传播原理,被称为光的散射。从能量角度,光的散射可以分为弹性散射和非弹性散射;从物质结构的角度,光的散射可以分为有序结构光散射和无序结构光散射。对于有序结构(光栅、狭缝和光子晶体等周期性结构),光与物质结构的相互作用可以获得具有清晰和确定的光学结果(衍射、干涉和光子禁带等);对于无序结构,光与物质结构的相互作用的结果也是随机的。如何从无序体系中获得有规律的认识以及开发相关的应用是对人类智慧的挑战[19]。需要指出的是,从光与物质相互作用的角度,此处提到按物质结构的有序性将光散射进行分类,主要是想突出材料科学注重结构与性能关系的特点,方便从物质结构角度来认识丰富多彩的光散射现象,实现光子学材料的人工构筑。

有序结构体系光散射的规律很早就已被认识,又常称为光的衍射和干涉。在自由空间中,光是沿直线传播的。基于谐振分析的傅里叶光学理论表明:在这一传播过程中,光的各种特征量的性质将会保持不变,并随时间和空间变化而发生周期性谐振。然而,当自由空间中存在小孔结构时,光的特征量会发生变化。例如,当光通过这个小孔结构以后,会产生衍射图案,即光的强度出现了与小孔结构不同的分布。这一现象被称为光的衍射。如果小孔结构变为周期性的结构,那么光的衍射将会进一步发展成为光的干涉。电磁光学理论能够完全描述这些过程,详细内容可以参见参考文献[20]。从材料角度看,这种光的性质可以通过材料的构筑得以实现,并可以广泛应用于各种光子学器件。

当这些结构处于无序状态时,这些结构的个体尺寸和群体存在状态也能够决定散射光的性质。特别是,光的波长尺度与这些结构中散射个体尺寸之间的匹配情况,对散射结果有着很大的影响:散射个体尺寸(不同折射率物质相)与光的波长相当时产生散射;远大于光波长尺寸的宏观材料产生反射和折射。对于一个多维、多尺度的分散体系,散射类型有以下分类方法。

按照散射个体的尺寸,散射可以分为两类:

(1)悬浮质点散射。例如胶体、乳液的散射。

(2)分子散射,即由分子热运动造成的局部涨落而引起的散射。例如临界乳光现象。

按照散射前后的能量关系,散射可以分为两类:

(1) 弹性散射。例如 Rayleigh 散射和 Mie 散射。

(2) 非弹性散射。例如 Raman 散射和 Brillouin 散射。

无序体系的光散射已有很好的理论模型[21],例如,在聚合物分子量测试方面已经成为主要方法之一[43]。然而,在相关材料及其应用方面的工作才刚刚开始。例如,近几年引起重视的随机激光材料[22]。其中,分子散射也是构成随机激光系统的要素之一,具体研究工作将在后面相关章节介绍。

1.4　光纤波导

根据费马原理,关于光的一个基本假设是:光是沿直线传播的。在均匀介质中,光会沿直线传播;在存在散射介质时,光会在散射后改变传播方向;在不同介质的界面处,光会发生反射和折射。如何综合利用这些光的性质,使得光在实际应用中发生传播方向改变而保持能量衰减最小,一直在不断地探索。从潜望镜到光纤的发展历程,就是这样一个不断探索的过程。图 1.4 给出了光定向传播的几个例子,并给这一过程做了图示说明。

光在光纤中传输的基本原理可以追溯到光在弯曲水柱中的传输现象,如图1.6所示。在早期魔术师的游戏中,常见的一幕就是直线传播的光会沿着弯曲的水柱发生曲线传播。光纤改变光传输方向的性质如同水柱改变光的传输方向。能够束缚住光线的传输介质通常称为光波导。

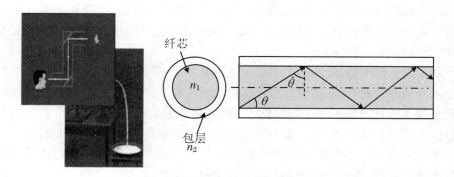

图 1.6　从潜望镜到光纤的光传输原理示意图

纤芯(Core)为光密介质,纤芯外的包层(Cladding)为光疏介质。大于全反射临界角的光线将不会离开纤芯,被反复折射而向前传播

光纤是纤维形状的光波导。光纤通常由光密介质(即纤芯,折射率为 n_1)和光疏介质(即包层,折射率为 n_2)构成。进入光纤的光线在纤芯和包层两种介质的界

面处发生全反射,造成光被束缚在光纤内,沿着光纤方向传输。如图 1.6 所示。

前面已经介绍了光在界面处的性质和描述这一性质的 Snell 定律(1.1.3 小节和式(1.3)),其中,当光从光密介质射向光疏介质时,在界面处会发生反射和折射,在入射角大于临界角时,只发生反射,而没有折射,即光线在界面处全部返回纤芯。进入光纤的光线的最大入射角的正弦函数定义为光纤的数值孔径(NA),其可以由下式得到:

$$NA = \sin \theta_{max} = \sqrt{n_1^2 - n_2^2} \tag{1.11}$$

从上面的描述可以看出,只有入射角小于 θ_{max} 的入射光线才能够进入光纤,而在进入光纤的光线中,入射角大于全反射临界角的光线才能够向前传输。需要指出的是,全反射临界角的计算与光线方向和界面方向相关,如果光纤被弯曲,两者之间的关系发生改变,同样会影响光线的传输,通常会造成传输损耗。

光在光波导中传输时,造成能量损耗的因素很多。总体而言,传输损耗是指光在长度为 L 的光纤中传输,输入和输出功率之间的差别。这个差别可以用下面方程描述:

$$P_L = P_0 e^{-\alpha' L} \tag{1.12}$$

其中,P_L 是经过长度为 L(km)的光纤后传输光的功率;P_0 是进入光纤时传输光的功率;α' 是损耗系数,单位是 km^{-1}。为了使用方便,通常定义一个单位为 $dB \cdot km^{-1}$ 的损耗参数 α:

$$\alpha = \frac{10}{L} \lg \frac{P_0}{P_L} = 4.343 \alpha' \tag{1.13}$$

传输损耗是广泛用于表征光纤的性质参数,通常与光纤材料、加工过程、波导结构等诸多因素相关,详细介绍可参见有关专著[23]。值得指出的是,光纤材料发展过程中的每一次进步多与克服某种光纤损耗相关。目前,材料的制备技术水平仍然与希望达到的理论最小损耗有差距。特别是对于聚合物光纤来说,损耗是制约其广泛应用的主要因素。

用于信息传输时,光纤损耗主要包括两个方面:一是能量损耗;二是模式损耗。对于聚合物光纤而言,能量损耗源自材料散射和分子振动吸收的倍频,可采用聚合物光纤放大器对能量损失进行补偿[24];模式损耗源自模式色散,是由聚合物光纤具有较大纤芯直径产生的,可采用梯度折射率光纤对模式色散进行抑制。

由于聚合物光纤的纤芯直径较大,所以平行于光纤传播的光线与传播方向接近临界角的光线,两者之间的光程差是很大的。例如,数值孔径为 0.5 的聚合物光纤,这一差别接近 6%。换言之,对于一定长度的聚合物光纤,接近临界角的光线要比平行光线多走一段距离。对于损耗为 200 dB · km^{-1},数值孔径为 0.5 的 100 m 聚合物光纤来说,这个距离为 6 m,损耗超过 1 dB[25]。这些由于具有不同传输角度,因而具有不同光程的光线被称为传输光的不同模式。不同模式的光线不仅在光纤中的光程具有差别,而且存在随着传输距离的增加,光程差别也不断增加的特点。从时域来看,具有不同模式的光信号通过一定长度的光纤后,由于到达光纤端口的时间不同,光信号在时间轴上会被展宽,称之为模式色散。这种展宽会造成传输信号的失真而成为光信号传输损耗的一部分,称之为模式损耗[23]。

聚合物光纤中的模数与数值孔径的关系可以由下式来描述:

$$V = \frac{2\pi a}{\lambda} NA \tag{1.14}$$

其中,a 是纤芯半径,λ 是波长。当 $V < 2.405$ 时,光纤为单模光纤。由于聚合物光纤的纤芯直径较玻璃光纤要大得多,数值孔径也较大,通常为多模光纤,因而具有比较强的模式色散。从材料角度降低这种模式色散造成的损耗,技术方案是制备梯度折射率聚合物光纤[26],其中关键技术是界面凝胶聚合方法[27],详细内容将在后面的相关章节论述。

1.5　光　子　晶　体

类似于光波导的光传输原理,光子晶体是一种源于光与折射率周期结构相互作用的新型控制光传输的材料。等同于晶体材料是物质单元的周期排布,光子晶体是指物质介电常数的周期排布,尽管这种物质性质的周期排布也需要通过物质实体的周期排布来实现。这里需要特别强调的是:排布单元的介电常数与光子晶体控制光的能力有直接的关系。这里不准备对光子晶体进行一般性的介绍,相关知识可以参见相关文献资料[28-30]。这里需要特别指出的是,光子晶体控制光传输的原理是依据光子晶体的禁带,或称为光子带隙(Photonic Band-Gap,PBG),控制光的传输方向理论上可以做到无损耗传输。更有意义的是,光在三维光子晶体中可以做到全角度(包括钝角、直角和锐角)的传输,而光纤一类的波导中的光传输是受到全反射角限制的。这一特点使得光子晶体在未来集成光路中可能成为一种不可替代的材料。

从材料科学角度,如何构筑这样一种自然界没有的、介电性质周期分布的人工材料,是一种对人类智慧和技术的挑战。目前,构筑这样一种材料的基本方法可以分为两类:一类是自下而上,即先制备小的具有一定介电常数的单元材料,例如微球,再将这类单元逐步堆积而成为大尺寸的可用材料[31];另一类是自上而下,即制备出活性的大尺寸材料,然后通过特殊技术,例如双光子聚合,在材料中形成介电性质呈周期分布的结构[32]。然而,更大的挑战是,在这样的周期材料中如何构筑出光传播的通道,从而完成控制光的功能。这方面的突出进展是光子晶体光纤。这种二维光子晶体结构将光子晶体概念与光纤概念相结合,使得光在二维光子晶体中的传播成为可能[33]。

1.6　光子学材料

在 20 世纪末的迎接新世纪活动中,关于光学发展的一份调研报告提出了一个响亮的名字:驾驭光[34,35]。从光的崇拜到光的驾驭,人类对光的认识和利用贯穿整个人类发展历程。另外,新时代提出驾驭光的愿景是在已有光与物质的相互作用知识的基础上提出来的。报告详细描述了这一愿景的详细内容,其中提到用于驾驭光的新材料包括非线性频率变换材料、半导体量子阱材料、光子学带隙材料、使光辐射成型与聚焦的材料等,并强调指出:材料科学和工程的进展对光学的进展是至关重要的。一个特别显著的特点是:这里提出的新材料多是自然界所没有的,完全是根据物理原理,采用化学和物理方法构建而得到的人工材料。具有分子水平进行剪裁特点的聚合物材料更是找到了用武之地,给光子学聚合物研究领域提供了新的发展方向。

进入新的世纪已经十多年了,光与物质的相互作用研究不断发展,同时促进了相关科学和技术领域的不断发展。光子与聚合物相互作用研究不断深化和扩展,在基础科学问题和关键技术问题等诸方面都取得了进展,光子学聚合物研究领域的雏形已经形成[36-38]。在 2012 年完成的回顾与展望报告中,美国国家研究理事会更是把光学和光子学研究上升到"本民族至关重要的技术"高度,在充分肯定已有成就的同时,对未来发展的前景提出了新的要求[39]。从已有文献中不难看出,作为光学和光子技术的光子学材料将成为本世纪社会发展的基石,值得在材料科学、技术和工程领域付出更多的努力。

1.7　聚合物材料

材料是具有使用价值的物质。除了大自然提供的原材料以外,人造材料(人工制备技术)主要包括金属材料(冶炼)、无机非金属材料(煅烧)和有机聚合物材料(化学合成)。其中在 19 世纪后半期出现的聚合物材料是由有机小分子单体通过聚合反应制备得到的。所谓聚合反应是指有机小分子单体通过连续、重复进行的化学反应而得到高分子量化合物的化学反应。聚合物的基础理论和应用技术均表明:聚合物材料的结构和性质与小分子单体的结构和性质有直接的关系。同时,由于聚合物的分子量较大,形成的凝聚态具有独特性质,其对聚合物材料的性能有很大的贡献。

经过一百多年的发展,聚合物科学已经成为从基础研究到产品生产,再到广泛应用的一个相对独立的科学技术领域。相关论著和教材已有很多。这里只是从作者的教学和科研经历出发,围绕聚合物的结构与性质这一主题,对与光子学聚合物相关的化学、物理知识作一简要介绍,以利于读者更好地理解本书的相关内容。

1.7.1　聚合物的合成

聚合物是小分子有机化合物(单体)通过重复地进行化学反应(此类化学反应统称为聚合反应)而获得的。聚合反应通常由数目不等的基元化学反应所构成。在各种不同的基元化学反应机理的基础上,由单体到聚合物的聚合过程包括两种类型:一是逐步聚合反应;二是链式聚合反应。两种类型聚合反应的最显著区别在于逐步聚合反应一旦开始,反应体系中就没有了单体,聚合物是从二聚体、三聚体,一步一步逐步形成的;而链式聚合反应则不同,由于单体到聚合物的增长基元反应快于其他基元反应,聚合反应体系从开始就存在单体和聚合物,即在还有单体尚未进入聚合物时,已经有高分子量的聚合物形成。从聚合物的发展过程来看,人们对聚合物的认识要早于对聚合机理和聚合类型的认识。对于形成聚合物的过程,以及聚合物究竟具有什么样的结构,一直是 20 世纪初人们争论的科学问题,并直接成为推动聚合物科学发展的动力之一。

1.7.1.1　逐步聚合反应

面对聚合物究竟如何形成的这一科学问题,杜邦公司科学家卡罗瑟斯(W. H. Carothers)选定二元酸和二元醇作为研究对象,并对它们进行酯缩合制备聚酯的聚合反应,旨在使用已知化学反应和已知化学结构的单体来制备结构清楚的聚合物。在当时技术条件下,酯缩合反应的机理已经清楚,要从这一反应获得高分子量的聚合物,技术难题是如何从反应体系中除去作为副产物的小分子水。最终,卡罗瑟斯采用分子蒸馏器(Molecular Still)完成了高分子量聚合物的合成[40],产物的分子量可从下面方程获得:

$$\bar{X}_n = \frac{1}{1-p} \tag{1.15}$$

其中,$\bar{X}_n$ 是聚合度,即所形成聚合物中平均每条聚合物链中所含的单体数目;p 是聚合反应程度,是已反应功能团数目占全部功能团数目的百分数。方程(1.15)适用于两种功能团严格等当量条件下的逐步聚合反应,对于功能团不等当量等各种较为复杂情况,聚合物分子量的计算可以在高分子化学的教科书中找到,详细内容已超出本书的范围。从式(1.15)可知,随着参加反应的功能团数目增加,聚合度增加,即逐步聚合反应产物的分子量是随着聚合反应的进行(反应时间增加)而逐步增加的。由此聚合反应得到的聚合物应用广泛,例如,现在所熟知的聚酯纤维、尼龙纤维等人工合成纤维都源于这一聚合反应。制作这些纤维的聚合物具有很高的拉伸模量,用以保证纤维的尺寸稳定性。

这一反应更为广泛的应用在于这一机理适用于带有可缩合功能团的各种单体,由此会衍生出品种繁多的聚合物。比如酚醛树脂、聚碳酸酯、聚砜等。一些加成聚合也符合这一反应机理,典型的例子是聚氨酯。值得指出的是,由于逐步聚合只要求单体具有特定功能团,而对于整个单体分子的结构并没有严格要求,由逐步聚合得到的聚合物化学结构非常丰富。例如,酚醛树脂就包括不同化学结构的各种不同缩醛聚合物。这种特性给聚合物材料带来了与分子水平剪裁相关的丰富的化学内容。

1.7.1.2　链式聚合反应

链式反应是指少量反应引发大量相同反应重复进行的连续反应过程。链式聚合反应具有这样的特征:少量引发剂引发单体进行快速、重复的增长反应,形成聚合物。链式聚合反应模型通常含有三个主要基元反应:引发反应、增长反应和终止反应。引发反应是产生活性中心的反应。活性中心可以是自由基、离子(包括阴离子和阳离子)、活性配位键等。活性中心与单体发生增长反应,生成的产物中又含有活性中心,并具有与原来的活性中心相同的活性,以保证增长反应能够重复进行。这一增长反应周而复始,反复进行,直至发生终止反应。由于增长反应快于引发和终止反应,因而单体会迅速形成长链聚合物分子,而体系中还有单体尚未进行反应。这一现象造成链式聚合体系中始终含有单体和聚合物。这是与逐步聚合反应的基本区别。

在不考虑链转移等副反应的条件下,链式聚合得到的聚合物链含有的单体数目是从引发到终止,活性中心所消耗的单体数目,即链式聚合反应得到的产物分子量取决于增长速率和终止速率,即

$$\overline{X}_n = \frac{R_p}{R_t} \tag{1.16}$$

其中,R_p是增长速率,R_t是终止速率。从方程(1.16)可以看出:对于难以终止的聚合反应,理论上可以得到无限大分子量的聚合物。例如离子型聚合,活性中心离子由于稳定性高、活性大,很难与反离子成键,较难终止,可以得到高分子量的聚合物。对于稳定性很高的阴离子活性中心,在引发反应能够很快完成的条件下,就可以获得"齐引发,快增长,不终止"的理想链式聚合,从而得到每一根聚合物链均具有同样单体数目的聚合物。实际上,链式聚合反应多少都会偏离这一理想模型,得到不同长度的聚合物链,即聚合物的分子量存在分散性。目前,制备标准单分散聚合物的方法仍然是阴离子聚合,所得聚合物的多分散系数小于1.1。如何获得制备窄分子量分布聚合物的普适方法仍然是聚合物化学面临的挑战之一(参见下面

分子量相关章节）。

1.7.2 聚合物的化学结构

分子的性质源于分子的化学结构。对于聚合物来说，化学结构的第一层次内涵是单体的化学结构。除了可以进行聚合的功能团以外，进行聚合反应的单体还可以具有已知存在的各种化学结构。在不同聚合反应条件下，这些结构都会随着聚合反应的进行被带进聚合物的分子结构，其中最简单的是线形的链状结构，如线形的聚乙烯和聚丙烯。微小的单体化学结构改变都会给聚合物的性质带来很大变化。一个典型的例子是聚乙烯和聚丙烯之间的结构和性质差别：一个简单的甲基引入，造成聚丙烯具有全同立构、间同立构和无规立构等多种聚合物链[41-44]。由这一个例子就可以看出，不同结构的单体会给聚合物的性质带来很大变化。单体结构的设计及其聚合性质研究已经成为聚合物化学研究领域的主要内容。

在由单体到聚合物的反应过程中，聚合物的链结构也可以人为控制。对于线形聚合物来说，通过不同单体的共聚，可以获得嵌段和交替聚合物，即单体在聚合物链中连续出现或者交替出现而形成的聚合物链。对于嵌段聚合物来说，又存在二元和多元嵌段聚合物。两者兼有的共聚物又称为无规共聚物。

当两条聚合物链中一条通过链端接到另一条聚合物链中任意一个单体单元上时，就在这条聚合物链上形成了一个接枝点。有多个接枝点的聚合物则被称为接枝聚合物。一条聚合物链上接的聚合物链数目、长短、化学结构都可以不同，也都会给聚合物的性质带来变化。值得指出的是：当这种接枝反应同时发生在这两条聚合物链上时，一个由聚合物链形成的闭合链就形成了。这一概念已经用于发展一种三维网状聚合物，即理论上所有聚合物链都通过化学键相互连在一起，形成一种分子量无限大的交联聚合物。聚合物链之间的连接点称为交联点。由于化学键的强度远大于分子间力相互作用的强度，因此这种由化学键交联起来的聚合物就具有比一般非交联聚合物高得多的强度，它被广泛用于黏合剂、橡胶等高强度材料。值得指出的是：橡胶的高弹性也源于这种交联结构。例如，天然橡胶的硫化就是通过多硫键将天然橡胶的长链相互连接在一起的，形成三维网状结构，赋予天然橡胶以高弹性。

随着越来越多化学结构和化学反应进入聚合物科学，各种不同结构的聚合物在不断出现。比如梯形聚合物[45]、树枝状聚合物[46]、超支化聚合物[47,48]等等。它们给聚合物化学以及聚合物材料的应用开辟了广阔天地。

值得指出的是：除了上述聚合物的化学结构（通常也称为一级结构）以外，从材料角度来看，聚合物还具有链构象结构（二级结构）和凝聚态结构（三级结构）。这些结构与聚合物在各种物态条件下的性质紧密相关，相关知识常在聚合物物理教科书中介绍。特别值得强调的是，除了上述三个层次的结构以外，光子学聚合物还涉及聚合物的波导结构，本书将特别强调这一层次结构在光与聚合物相互作用中的作用。

1.7.3　聚合物的分子量和分子量分布

有别于小分子化学合成产物，聚合物具有较大分子量。由于多数聚合物是原子通过共价键连接而形成的，因此聚合物的分子量是确定的和可测的。现已报道的最高聚合物分子量为 2 亿道尔顿，远超出一般有机化合物的分子量[49]。聚合物化学的主要任务之一就是通过控制聚合反应条件来控制分子量。

应该明确指出的是，聚合物性质与聚合物分子量是紧密相关的。各种不同分子量的聚合物可以用于不同的应用领域。比如，分子量较低（分子量低于 1 万道尔顿）的聚合物称为齐聚物（Oligomer），常用于一些助剂，如交联剂、润滑剂等。分子量超过 10000 道尔顿时，聚合物的强度性质与分子量无直接关联，趋于稳定数值，如拉伸强度、密度、折射率等。

在控制分子量的同时，聚合过程中还需要控制聚合物的分子量分布。由 1.7.1 节的介绍可以知道，聚合物的形成过程是由许多重复增长反应构成的。由很多重复过程构成的事件发生时，完成一次事件（相应于聚合过程中一条聚合物链的形成）的概率会有差别。这一差别造成的结果是：在通常的聚合反应中所形成的聚合物具有不同的长度，即得到的聚合物分子量具有分散性。这一概率过程的结果是：聚合物分子量通常表征为一个平均分子量，而不是如有机小分子那样具有单一分子量。

按照分子数目进行平均的分子量称为数均分子量（$\overline{M}_n$），为聚合物质量按照聚合物链的数目进行平均：

$$\overline{M}_n = \frac{W}{\sum N_i} = \frac{\sum N_i M_i}{\sum N_i} \tag{1.17}$$

其中，W 是样品总质量；N_i 是具有单一分子量 M_i 的 i 组分中聚合物链数目。由这一定义式可知，$\overline{M}_n = \overline{X}_n M_0$，其中，$\overline{X}_n$ 称为数均聚合度；M_0 是聚合物链中单体单元的分子量。

按照重量进行平均的分子量为重均分子量，其定义式如下：

$$\overline{M}_w = \frac{\sum W_i M_i}{\sum W_i} = \frac{\sum N_i M_i M_i}{\sum N_i M_i} = \frac{\sum N_i M_i^2}{\sum N_i M_i} \tag{1.18}$$

其中，W_i 是具有单一分子量 M_i 的 i 组分的聚合物重量。比较式（1.18）和式（1.17）可知，重均分子量总是大于数均分子量，因此，常用两者的比值来度量聚合物的分子量分布,该比值称为多分散系数(Polydispersity Index,*PI*),用来表示聚合物的分子量分布:

$$PI = \frac{\overline{M}_{\mathrm{w}}}{\overline{M}_{\mathrm{n}}} > 1 \tag{1.19}$$

基于不同的分子量测试方法,聚合物还建立了不同的聚合物分子量的表征量。比如黏均分子量、*Z* 均分子量等。分子量分布的表征也常用分子量分布图(分子量为横坐标,具有一定分子量的组分含量作为纵坐标)来形象显示。值得指出的是,工业上测量分子量常采用熔融指数方法,实验室则常用凝胶渗透色谱方法。两种方法都已有商品仪器。

具有稳定活性中心的链式聚合(参见 1.7.1.2 节)能够得到分子量分布很窄的聚合物。典型的例子是阴离子聚合:由于引发反应快而接近齐引发,同时聚合过程中无终止反应,阴离子聚合(Anionic Polymerization[50])接近于"活性"聚合(Living Polymerization[51])。理想条件下,多分散系数接近1。对于自由基链式聚合,引发剂存在半衰期,即活性中心不断产生,很难达到齐引发,同时又由于存在快速的终止反应,聚合得到的聚合物分子量分布较宽。理想条件下,多分散系数处于1.5~2。

单一分子量分布的聚合物至今仍然是聚合物化学的愿景,相关研究工作仍在不断深入。这一背景促使寻找活性自由基聚合(Living Radical Polymerization)的工作得到发展。例如,近几年发展起来的可逆加成-断裂链转移自由基聚合(Reversible Addition Fragmentation Chain Transfer,RAFT)[52],不仅在分子量分布的控制方面取得了进展,而且还成为制备多嵌段聚合物的有效和方便的方法[53,54]。值得指出的是,这一反应的分子量及其分布的控制方法也会受到聚合反应实施方法的影响,相关研究工作给 RAFT 聚合反应研究带来了新的内容[55-57]。

RAFT 自由基聚合中分子量及其分布的控制机理已经提出:在可逆加成-断裂链转移条件下,自由基聚合反应的分子量及其分布的可控性质主要在图 1.7 所示的两个平衡过程中完成[58]。

从图 1.7 中可以看出:一个平衡是 RAFT 试剂(2)参与的前平衡(Pre-equilibrium),该平衡过程产生休眠增长链(4)和 RAFT 试剂的离去基团自由基(5);另一个平衡是增长链自由基(1)和休眠增长链(4)构成的主平衡(Main Equilibrium),这一平衡会抑制自由基之间的终止反应,维持聚合体系中增长链自由基的浓度。两个平衡中的中间自由基(3)和(6)的活性不足以引发链增长,而链增长只能由平衡中产生的增长链自由基(1)完成。理想条件下,可逆加成-断裂主平衡克服了自由基链转移过程中的衰减链转移性质(衰减链转移:转移反应速率常数远大于增长速率常数,即非常容易转移,而转移后形成的新的自由基的增长速率常数小于原自由基的增长速率常数,造成转移后聚合速率降低很多),在保持转移优先的前提下,维持一个稳定的增长链自由基浓度和增长反应速率,从而确保

RAFT 自由基聚合反应具有平稳增长速率和"活性"聚合的特征。

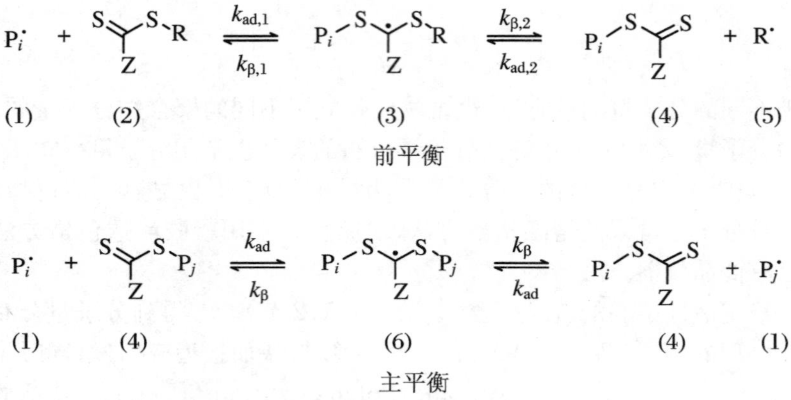

$$P_i^{\cdot} + \underset{\underset{Z}{|}}{S{=}C}{-}S{-}R \underset{k_{\beta,1}}{\overset{k_{ad,1}}{\rightleftharpoons}} P_i{-}S{-}\underset{\underset{Z}{|}}{\overset{\cdot}{C}}{-}S{-}R \underset{k_{ad,2}}{\overset{k_{\beta,2}}{\rightleftharpoons}} P_i{-}S{-}\underset{\underset{Z}{|}}{C}{=}S + R^{\cdot}$$

(1)　　　　(2)　　　　　　　　(3)　　　　　　　　　(4)　　　　(5)

前平衡

$$P_i^{\cdot} + \underset{\underset{Z}{|}}{S{=}C}{-}S{-}P_j \underset{k_{\beta}}{\overset{k_{ad}}{\rightleftharpoons}} P_i{-}S{-}\underset{\underset{Z}{|}}{\overset{\cdot}{C}}{-}S{-}P_j \underset{k_{ad}}{\overset{k_{\beta}}{\rightleftharpoons}} P_i{-}S{-}\underset{\underset{Z}{|}}{C}{=}S + P_j^{\cdot}$$

(1)　　　　(4)　　　　　　　　(6)　　　　　　　　　(4)　　　　(1)

主平衡

图 1.7　二硫代酯衍生物参与的可逆加成-断裂链转移(RAFT)自由基聚合过程中
**　　　　两个平衡反应的示意图**

使用上述平衡模型解释 RAFT 聚合反应的速率延缓(Rate Retardation)效应时却遇到了困难。速率延缓效应是指 RAFT 自由基聚合反应速率比相同条件下没有加入 RAFT 试剂时的自由基聚合速率要低,而且,这一速率降低会随着 RAFT 试剂类型和用量的变化而不同。初期认为是由中间自由基(6)裂解生成增长链自由基(1)的速率较慢所致[59],随后又认识到中间自由基可以与增长链自由基发生交叉终止,即不同自由基所形成的自由基对(Radical Pair)之间发生偶合,此过程降低了链自由基的浓度,造成速率延缓[60]。

交叉终止是两种不同自由基之间的偶合反应。依据 Wigner 自旋守恒原理,在自由基参与的化学反应中,电子的自旋是守恒的[61]。换言之,在自由基参与的化学反应中,自由基中的电子自旋是很难发生变化的,即单线态到三线态或三线态到单线态之间的系间跨越是禁阻的。依据这一原理,RAFT 自由基聚合中的交叉终止是允许的,是容易发生的。突破这一原理,即创造特定条件使得系间跨越发生,会产生很多自由基化学反应的新性质。一种特定条件就是外加磁场。由外加磁场导致的自由基化学反应的变化总称为化学反应的外加磁场效应(Magnetic Field Effects on Chemical Reactions)[62]。

众所周知,在室温条件下,10 mT 的外加磁场与电子自旋相互作用能小于 $k_B T/400$,要想促使全部自由基处于同一自旋状态下,磁场强度至少需要 500 T。计算表明:在 10 T 外加磁场(目前世界上最强人工磁场)和 100 ℃(常用的聚合反应温度)条件下,不同自旋自由基数目比(N_2/N_1)为 0.9648,接近无磁场下的 $N_2/N_1 = 1$,这对自由基链式聚合中自由基之间的偶合反应没有影响。

然而,对于一些特定体系,结果往往取决于自旋相互作用的动力学,而不是热力学[63]。RAFT 自由基聚合中的可逆链转移会产生中间加成自由基。中间加成自由基的化学结构不同于初级自由基和增长链自由基,导致中间加成自由基的 g 因子与初级自由基和增长链自由基的 g 因子均不同。就可能进行偶合反应的一对单线态自由基而言,在外加磁场条件下,它们的自旋将在外磁场方向发生进动。如果作用于这一对自由基的磁场强度相同,那么两个自由基的自旋进动频率完全相同,进动频率差为零,单线态保持,偶合反应能够发生;如果作用于这一对自由基中每个自由基的磁场强度不同,那么单线态中的两个自由基的进动频率会发生不同变化,造成单线态向三线态转变,而三线态自由基对之间不会发生偶合反应[64]。

在外加磁场条件下,当偶合反应的自由基对中两个自由基的 g 因子不同时,实际作用到每一个自由基上的磁场强度也不同,进动频率差与外加磁场强度具有如下定量关系[62]:

$$\Delta\omega = \frac{\Delta g \mu_B H_0}{h} \pm (a_1 - a_2)I \tag{1.20}$$

其中,Δg 是两种自由基 g 值的差值;μ_B 是玻尔磁子;H_0 是外加磁场强度;a_1 和 a_2 分别是两个自由基的超精细相互作用常数;I 是自旋量子数。依据方程(1.20)给出的模型和化学反应的外加磁场效应[62]可知,对于具有不同 g 因子的一对自由基,在外加磁场作用下,自由基对之间的进动频率差值会发生变化,造成单线态到三线态的转变,从而导致自由基对之间的偶合反应不能发生。

在 RAFT 自由基聚合过程中,参加聚合反应的化合物均为单线态,依据 Wigner 自旋守恒原理,产生的自由基也保持单线态,增长链自由基和中间自由基之间的交叉终止是允许的。在外加磁场存在条件下,具有不同 g 值的两种自由基构成的单线态自由基对会发生系间跨越,转变为三线态的自由基对,它们之间的偶合反应遭到禁阻。由此可见,通过外加磁场,有可能抑制 RAFT 自由基聚合过程中的交叉终止。

图 1.8 给出了不同外加磁场强度条件下,RAFT 聚合反应速率的变化。相同条件下的自由基聚合速率最快,而无外加磁场的 RAFT 聚合速率最慢;在外加磁场强度为 0.1 T 时,聚合速率达到最大。出现极值速率是因为除了外加磁场促进系间转换的因素以外,还存在一个相反的塞曼分裂(Zeeman Splitting)效应。在高强度磁场条件下,三线态会发生分裂,造成单线态到三线态之间的转移概率降低。这个因素正好与在外加磁场条件下,自由基对的 Δg 效应相反。两种相反效应的平衡结果造成了提高 RAFT 聚合反应速率的最佳磁场强度存在[55]。由上面的分析可知,RAFT 聚合反应速率的外加磁场效应通常会受到两方面因素的影响,而 Δg 效应又与反应物性质紧密相关。一个直接推论就是,不同 RAFT 聚合反应会有特征的外加磁场强度。

在不同 RAFT 试剂引发的 RAFT 聚合反应条件下,实验结果显示:两种聚合反应体系确实具有不同的最佳外加磁场强度[65]。为了定量表示这一结果,定义相对速率比值(R_M)如下式所示:

$$R_{\mathrm{M}} = \frac{R(\mathrm{RAFT})_{\mathrm{MF}} - R(\mathrm{RAFT})_0}{R(\mathrm{FRP})_{\mathrm{MF}} - R(\mathrm{RAFT})_0} \qquad (1.21)$$

其中,R 表示聚合反应速率;下标 MF 表示为加磁场条件下的聚合速率;下标 0 表示未加磁场条件下的聚合速率;RAFT 表示可逆断裂-加成自由基聚合;FRP 表示普通自由基聚合。

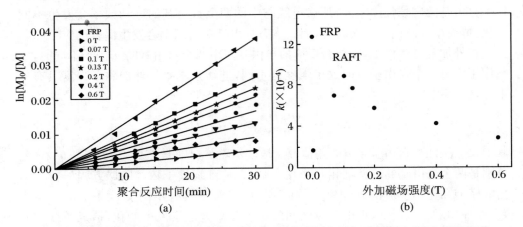

图 1.8　外加磁场条件下,聚合速率与聚合反应时间(a)和外加磁场强度(b)之间的关系

聚合反应温度为 60 ℃,[M] = 8.70 mol · L^{-1},[BPO] = 0.0870 mol · L^{-1},[CPDB] = 0.0435 mol · L$^{-1\,[55]}$

图 1.9 给出了两种 RAFT 试剂:三硫代碳酸酯(DDMAT)和二硫代碳酸酯(CPDB)存在条件下,RAFT 聚合反应速率的 R_{M} 值与外加磁场强度之间的关系[65]。

从图 1.9 所示的结果可以看出:随着 RAFT 试剂的改变,外加磁场的影响会发生变化。这个结果也间接说明外加磁场对交叉终止的影响,即交叉终止是 RAFT 试剂自由基和增长自由基之间的反应,而不同 RAFT 试剂表示 RAFT 聚合反应中的实际自由基结构不同,导致两种 RAFT 聚合反应中的 Δg 值不同,因而外加磁场效应也不同。

可控(活性)自由基聚合是一种制备具有可控分子量及其分布聚合物的简便、实用聚合方法。控制原理主要是保持自由基反应中心进行增长而不发生终止。实际上,不进行终止的自由基会进行一些其他副反应,例如 RAFT 聚合中的交叉终止。探索抑制这些副反应的物理、化学方法,将会进一步提高可控自由基聚合的效率,为规模化生产提供可能的途径。另一方面,实现“活性”聚合的另一条件是“齐引发”,使用光活性 RAFT 试剂有可能实现这一控制分子量的必要条件,这是一个新的研究领域[66-68]。

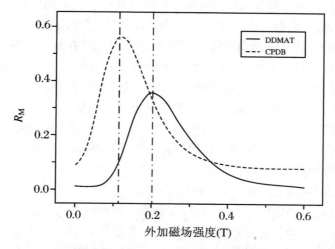

图 1.9　不同 RAFT 试剂条件下，RAFT 聚合反应的 R_M 值与外加磁
　　　　场强度之间的关系

聚合反应条件：(—)70 ℃，[M] = 8.70 mol·L^{-1}，[BPO] = 0.0870 mol·L^{-1}，
[DDMAT] = 0.0435 mol·L^{-1}；(---) 60 ℃，[M] = 8.70 mol·L^{-1}，[BPO] =
0.0870 mol·L^{-1}，[CPDB] = 0.0435 mol·L^{-1}

1.7.4　聚合物的结构

　　1.7.2 节已经简单介绍了聚合物的化学结构。化学结构亦称为一次结构，包括化学组成、功能团种类、分子形状、分子量大小以及各个功能团之间的连接方式。聚合物中的功能基团与小分子中的功能基团具有相同的物理性质、化学性质。然而，随着连接这些功能基团的聚合物链变长，即随着聚合物的分子量增加，聚合物的物理性质、化学性质又有别于小分子化合物的物理性质、化学性质。例如，聚合反应中的基元反应与小分子化学反应相同，但是，在分子量及其分布的形成过程中，聚合反应显示出独有的化学反应规律，而且高分子量聚合物的化学反应存在邻近基团效应等特殊规律，均成为聚合物化学的主要内容。其中需要强调的是：不同于一般分子量较小的原子、分子易形成的有序凝聚态，聚合物中原子由化学键相连，高分子链的构象异常丰富，聚合物这一特性造成聚合物凝聚态易形成无序结构。这一特点也使得聚合物具有多个层次的结构。

　　通常所说的聚合物结构包括三个结构层次。除了一次结构以外，二次结构是指聚合物的构象结构。当原子间的连接是通过可以旋转的 σ 键完成时，相邻原子之间的相对位置就有多种情况，对应的分子状态称为构象。不同于分子构型（由不同键接方式决定），分子构象之间的转变是一种物理转变。特别是对于分子量大的聚合物,特定的构象结构会给聚合物带来许多性质。就典型的生物大分子来说,蛋白质的特定构象是生命过程的基础,一旦蛋白质构象变化,生命过程会受到致命的伤害。这个例子说明,聚合物的构象结构对聚合物性质有着重要意义。三次结构是凝聚态结构。当具有一定构象的大分子凝聚在一起时,失去平动的大分子链的最终构象是凝聚条件的函数,与凝聚的动力学过程直接相关。特定条件下的平衡态都是暂时的和有条件的。例如室温条件下表现出橡胶性质的聚合物,在远低于室温的玻璃化转变温度以下,也会表现出塑料性质。更有意思的是,由于聚合物的长链结构,从塑料(对应于玻璃态)到橡胶(对应于高弹态)之间的转变也是一个动力学过程,至今仍然无法建立准确模型来描述这一过程。这一动力学过程会受到一次结构和二次结构的影响,特别是与二次结构对应的聚合物构象在凝聚过程中的固化多少具有一些随机性质,在通常实验条件下很难准确控制。

在光子学聚合物的研究领域,除了上述三个层次的结构之外,还要考虑与波长尺度相关的波导结构(一定尺度的折射率分布)。例如聚合物光纤的传输性质,不仅取决于上述三个层次的结构,还取决于光纤的波导结构:纤芯尺寸,包层厚度,纤芯和包层材料的折射率及其在光纤中的分布,纤芯和包层之间的界面,以及折射率在纤芯、包层内的分布等。与光波导结构(光纤是一种特殊的光波导)相关的一个非常有趣问题是:当一维纤维波导尺寸小于光的波长时,信号光能否沿着纤维波导传输呢?已有研究工作证明:直径为 250 nm 的聚合物纤维构成的特殊波导结构能够传输波长为 632 nm 的光信号[69]。

从上述对聚合物结构的简单介绍可知,波导结构,加上上述三个层次结构,都是设计、制备、表征和研究聚合物过程中要加以考虑,并在随后的光子学器件制作中加以控制和优化的。

1.7.5　聚合物的性质

物质的性质取决于物质的结构。从上面一节的聚合物结构介绍可知,聚合物可以具有丰富的物理性质和化学性质。这些性质也决定了聚合物的材料属性。例如,聚合物的制备、加工和性能等方面就能追溯到聚合物的物理性质和化学性质。聚合物的光子学性质属于聚合物的物理性质,是本书要介绍内容的主题。其他物理性质和化学性质,异常丰富,有的已经超出本书的内容范围。下面仅对一些与普通应用相关的聚合物性质作一介绍。

1.7.5.1　聚合物的化学结构决定了聚合物可以从分子水平进行结构剪裁,从而获得具有不同物理性质、化学性质的聚合物

聚合物本身是一个有机分子(由共价键相连的碳、氢、氧、氮等轻原子形成的分

子)。相对来说,金属材料是由金属键相连的金属原子聚集体,无机非金属材料是由非金属原子通过共价键相连的原子聚集体。由于有机分子的共价键的稳定性和饱和性,化学合成得到的分子可以以有限分子量的方式独立存在,成为原子水平之上的一个物质最小单位——分子。聚合物只是分子量较大的一种有机分子。

分子量大的特点又使得聚合物有别于小分子,即少量的原子变化不会影响聚合物的性质。例如,任何聚合物都会有分子量分布,即不同的聚合物分子链具有不同的分子量,或者说不同的原子数目。另一方面,如果同一种聚合物的分子量差别较大,也会造成性质变化。例如,小分子的脂肪族链为石蜡,而超高分子量的聚乙烯(与石蜡同为饱和脂肪族链)则是高模量材料。

在不考虑分子量的条件下,聚合物的化学性质的关系类似于小分子有机化合物。在这一认识基础上,各种基于化学基团功能性质的功能聚合物发展极为迅速,已经成为聚合物领域的重要分支。

值得指出的是,上述介绍仅考虑了聚合物自身性质。随着科学技术的发展,不同领域的交叉发展已经成为创新的重要途径。例如,有机、无机杂化材料的发展都打破了上述局限于聚合物的一般性描述限制,已经给材料科学带来很多新的内容。在本书后续章节中,将介绍光子学聚合物在这方面的发展:将聚合物的可分子剪裁性质与玻璃光纤的波导性质相结合,构筑聚合物-玻璃复合光纤材料。更为丰富的复合材料内容已超出本书内容。

1.7.5.2　聚合物的化学组成(碳、氢、氧、氮)决定的质轻特性

由于聚合物实质上是一种分子量较大的有机分子,所以相比金属和无机非金属材料,聚合物具有较小的比重,是一种质轻的材料,可以广泛用于物品包装和轻质物件的制作。这一特性的另一个重要应用是聚合物材料的方便运输等物质传送过程,这也是聚合物成为一种廉价材料的因素之一。

1.7.5.3　聚合物的易加工特性

聚合物材料在通常条件下可以分为塑料、橡胶、纤维、黏合剂和涂料等五类。即使室温下为塑料的聚合物,玻璃化转变也多发生在 200 ℃ 以下。这一属性使得加工聚合物所需的能量较低,是聚合物成为廉价材料的另一重要因素。此外,由于聚合物本质上是一种分子,因而可以分散在溶剂中而保持聚合物固有的结构和性质。溶液加工的方法,例如溶液涂覆制膜、湿法纺丝、溶液喷涂等,也成为聚合物材料的重要制备方法。这些方法具有工艺简单、容易施工等特点,存在问题是溶剂的处理。目前,溶剂后处理和采用水性溶剂已经成为解决这一问题的关键技术。

1.7.5.4　聚合物的老化特性

由于构成聚合物的原子多为轻原子,因而聚合物的耐高温性能远不如金属和

无机非金属材料,直接导致其耐老化性能差。老化的定义是:随着使用时间的延长,材料品质(各种应用性质)出现明显下降,品质参数偏离标准值,造成材料制品的性能降低。老化的原因在于自然条件(日光,风吹雨淋)下,聚合物分子的化学键会发生断裂,以及此后产生的复杂化学、物理变化。根据聚合物的这一特性,设计聚合物器件时需要明确使用条件的相关参数,并据此选择使用合适的聚合物材料。同时,使用聚合物材料时需要特别注意使用条件,确保满足聚合物材料性质所要求的时空和环境。

值得指出的是,对将聚合物进行特殊处理,使之转变为特种材料,也会得到在极端条件下可以使用的材料,例如碳纤维材料。这些特殊材料的原料是聚合物,经高温加工后成为轻质碳材料,与其相关的研究工作已经成为聚合物科学领域的一个分支。

1.7.6　聚合物的应用

聚合物科学的发展历史仅有百年,相应的有机合成材料(高分子材料)已经广泛应用到人们生活的各个方面。放眼望去,日常的衣、食、住、行已经离不开这些材料。高分子材料发展快,应用广,完全取决于聚合物的独特性质(见上一节)。从科学发展角度看,聚合物科学正在与各种科学进行交叉融合,形成一些具有特性的应用领域。光子学聚合物就是在这样一个环境中产生的一类新型材料,广泛用于与光相关的信息、能源和生命等各个领域。

毋庸置疑,光子学聚合物是一个交叉研究领域,研究对象——聚合物是光子学材料中的一种。在多年的研究工作中发现,相比于其他光子学材料,聚合物材料在应用中的最大优势是可以进行分子水平剪裁,从而达到光子学性质的精细调节。反过来,这一优势又极大地拓展了光子学聚合物的研究领域,特别是针对具有特殊光子学功能的聚合物的一些探索性研究。围绕这一主题,研究中开展化学、物理、材料、生物和信息多学科交叉,针对特殊应用的需求,开展相应聚合物材料的设计、合成、表征和性质研究,为发展可用的光子学材料和器件奠定实验基础和提供有用的参考数据,进一步拓展聚合物的应用范围。

1.8　结　　语

光子学聚合物涵盖物理、化学、工程和材料多个学科,交叉领域的基本科学问题是光与聚合物的相互作用,本征量是聚合物的折射率。折射率的定义是光在自由空间中的速率(c_0)与在所给定介质中传输速率(c)的比值。然而,折射率的内涵却是光与物质的相互作用,包括本书所强调的光与聚合物的相互作用。为了涵盖弹性和非弹性相互作用,折射率可用复数表示:实数部分涉及弹性相互作用过程,如反射、折射和弹性散射等,虚数部分涉及非弹性相互作用过程,如吸收和非弹性散射等。复折射率的概念仍然处于唯象理论阶段[70],而对于实折射率的理论预计已经有了一些计算方法。

对于聚合物材料而言,最简单明了的方法是基团加和法(Group Additive Property,GAP)[71]。以基团加和法为代表的一类基于实验分子描述符(单元结构折射率的实验观察)的折射率计算方法适用于化学结构清楚的聚合物。

要在理论上预计聚合物的折射率,有必要使用理论分子描述符的方法。很显然,后者对于聚合物的分子设计,以及从理论上认识聚合物的折射率本质具有特别的意义。已有的理论预计方法是使用量子化学描述符进行定量构效关系(Quantitative Structure-property Relationship,QSPR)分析[72]。由于量子化学描述符的计算比较困难,尽量减少 QSPR 过程中选用的量子化学描述符成为发展这一方法的挑战性课题。

使用四个分子描述符有可能预计线性聚合物的折射率。这四个分子描述符分别为总价点价(Sum of Valence Degrees,SVDe)、不饱和度(Degree of Unsaturation,DU)、相对卤原子数(Relative Number of Halogen Atoms,RNH)和氢键作用参数(Electrostatic Attract or Hydrogen Bond Descriptor,$Q_\pm$)。将所选取的121 种线形聚合物的折射率对四个参数进行多元线性回归分析,得到下面方程:

$$n(298\ \text{K}) = 1.4759 - 5.202 \times 10^{-4}\text{SVDe} + 2.337 \times 10^{-2}\text{DU}$$
$$- 0.187\text{RNH} - 0.547Q_\pm \tag{1.22}$$

比较由方程(1.22)计算得到的折射率和实验测得的折射率(图 1.10),可以发现:两者数值相近。这说明通过四个分子描述符和方程(1.22)能够计算得到线形聚合物的折射率[73]。

基于理论分子描述符的 QSPR 方法,不仅能够用于非共轭聚合物,也可以用于 π 电子离域在多个重复单元的共轭聚合物[74]。这些结果丰富了光子学聚合物的研究内容,促进了人们从分子水平认识折射率的本质。

然而,要完成对复折射率的定量描述还需要很多工作,很多新现象之谜和未知规律仍然有待开发新技术去揭示。同时,信息化社会的到来也促进了这一过程。这两方面因素也是光子学聚合物正处于蓬勃发展的主要原因。人类进步的历程正在进入信息化社会,信息技术的进步呼唤着新材料的发展[75],光与聚合物相互作用基础上的新技术和新材料将会逐步成为社会经济发展的新动力。

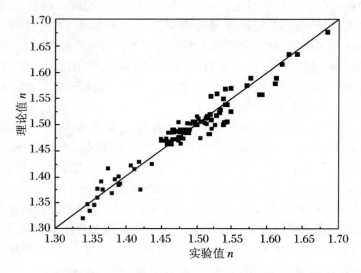

图 1.10 由方程(1.22)计算 121 种聚合物折射率的理论值与实验值的相关图($R = 0.964$)

参 考 文 献

[1]　https://www.douban.com/group/topic/99408553/.

[2]　Peruzzo A, Shadbolt P, Brunner N, et al. A quantum delayed-choice experiment[J]. Science, 2012,338:634.

[3]　Kaiser F, Coudreau T, Milman P, et al. Entanglement-enabled delayed-choice experiment[J]. Science, 2012,338: 637.

[4]　Tang J S, Li Y L, Xu X Y, et al. Realization of quantum Wheeler's delayed-choice experiment[J]. Nature Photonics, 2012,6(9):600.

[5]　Saleh B E A, Teich M C. Fundamentals of Photonics[M]. New York:John Wiley & Sons, Inc., 1991.

[6]　钟锡华.现代光学基础[M].北京:北京大学出版社,2003.

[7]　赵凯华.新概念物理教程:光学[M].北京:高等教育出版社,2004:286-289.

[8]　Barrow G M. Introduction to molecular spectroscopy [M]. Tokyo: McGraw-Hill Kogakusha, 1962.

[9]　Schnabel W. Polymers and light: Fundamentals and technical applications [M]. Weiheim:Wiley-VCH, 2007.

[10]　Luo J D, Xie Z L, Lam J W Y, et al. Aggregation-induced emission of 1-methyl-1,2,3,4,5-pentaphenylsilole[J]. Chem. Commun., 2001(18):1740-1741.

[11]　Hoekstra D, Tiny de Boer, Klappe K, et al. Fluorescence method for measuring the kinetics of fusion between biolojical membranes[J]. Biochemistry, 1984,23:5675-5681.

[12]　Andrich M P, Vanderkooi J M. Temperature dependence of 1,6-diphenyl-1,3,5- hexatriene fluorescence in phospholipid artificial membranes [J]. Biochemistry, 1976,15:1257-1261.

[13]　http://en. wikipedia. org/wiki/Sir_George_Stokes,_1st_Baronet.

[14]　Baluschev S, Miteva T, Yakutkin V, et al. Up-conversion fluorescence: Noncoherent excitation by sunlight[J]. Phys. Rev. Lett. , 2006,97(14):143903.

[15]　Duan P F, Yanai N, Nagatomi H, et al. Photon upconversion in supramolecular gel matrixes: Spontaneous accumulation of light-harvesting donor-acceptor arrays in nanofibers and acquired air stability[J]. J. Am. Chem. Soc. , 2015,137:1887-1894.

[16]　Maiman T. Stimulated optical radiation in ruby[J]. Nature,1960,187: 493.

[17]　Desurvire E. Erbium doped amplifiers[M]. New York:Wiley, 1994.

[18]　Currie M J, Mapel J K, Heidel T D, et al. High-efficiency organic solar concentrators for photovoltaics[J]. Science, 2008,321 (5886): 226-228.

[19]　Wiersma D S. Disordered photonics[J]. Nature Photonics, 2013,7(3):188.

[20]　Saleh B E A, Teich M C. Fundamentals of photonics[M]. New York:John Wiley & Sons, Inc. , 1991:157.

[21]　Goodman J W. Speckle phenomena in optics[M]. Englewood, Colorado:Ben Roberts & Company, 2007.

[22]　Redding B, Choma M A, Cao H. Speckle-free laser imaging using random laser illumination[J]. Nature Photonics, 2012,6(6):355-359.

[23]　Daum W, Krauser J, Zamzow P E,et al. POF-polymer optical fibers for data communication[M]. Berlin:Springer, 2002:12.

[24]　Liang H, Zhang Q J, Zheng Z Q, et al. Optical amplification of Eu(DBM)$_3$Phen doped polymer optical fiber.[J]. Optics Letters, 2004,29:477-479.

[25]　Daum W, Krauser J, Zamzow P E, et al. POF-polymer optical fibers for data communication[M]. Berlin:Springer, 2002:15.

[26]　Zhang Q J. Gradient refractive index distribution of rare-earth-doped polymer optical fibers[M]//Polymer optical fibers. California: American Scientific Publishers, 2004.

[27]　Kioke Y, Nihei E, Tanio N , et al. Graded-index plastic optical fiber composed of methyl methacrylate and vunyl phenylacetate copolymers[J]. Applied Optics, 1990,29 (18):2686-2619.

[28]　http://baike. baidu. com/view/98845. htm? fr = aladdin.

[29]　Joannopoulos J D, Johnson S G, Winn J N,et al. Photonic crystals: molding the flow of light[M]. 2th ed. ,Princeton: Princeton University Press, 2008.

[30]　马锡英.光子晶体原理及应用[M].北京:科学出版社,2010.

[31]　Padmanabhan S C, Linehan K, O'Brien S, et al. A bottom-up fabrication method for the production of visible light active photonic crystals[J]. Journal of Materials Chemistry C, 2014,2:1675.

[32] Takahashi S，Suzuki K，Okano M，et al. Direct creation of three-dimensional photonic crystals by a top-down approach[J]. Nature Materials，2009，8(9)：721.

[33] Smith C M，Venkataraman N，Gallagher M T，et al. Low-loss hollow-core silica/air photonic bandgap fibre[J]. Nature，2003，424(6949)：657-659.

[34] National Research Council. Harnessing light：optical science and engineering in the 21th Century[M]. Washington，D.C.，National Academy Press，1998.

[35] 上海应用物理研究中心译.驾驭光：21 世纪光科学与工程学[M].上海：上海科学技术文献出版社，2000.

[36] Dalton L，Canva M，Stegeman G I，et al. Polymer for photonics applications. Ⅰ [M]// Advanced in Polymer Science. 158. Berlin：Springer，2002.

[37] Kajzar F，Lee K S，Jen K Y，et al. Polymer for photonics applications. Ⅱ [M]// Advanced in polymer science. 161. Berlin：Springer，2003.

[38] Koike Y. Fundamentals of plastic optical fibers[M]. Weiheim：Wiley-VCH，2014.

[39] National Research Council. Optics and photonics，essential technologies for our nation [M]. Washington DC：National Academy Press，2013.

[40] Kauffman G B. Wallace Hume Carothers and nylon，the first completely synthetic fiber [J].J. Chem. Edu.，1988，65(9)：803-808.

[41] Sauer J A，Wall R A，Fuschillo N，et al. Segmental motion in polypropylene[J].Journal of Applied Physics，1958，29(10)：1385-1389.

[42] Slichter W P，Mandell Elaine R. Molecular motion in polypropylene，isotactic and atactic[J]. The Journal of Chemistry Physics，1958，29：232-233.

[43] Chiang R. Light Scattering Studies on Dilute solutions of Polypylene[J].Journal of Polymer Science，1958，28(116)：235-238.

[44] Padden F J，Keith H D. Spherulitic crystallization in Polypropylene[J]. Journal of Applied Physics，1959，30(10)：1479-1484.

[45] Li Z A，Wu W B，Ye C，et al. New second-order nonlinear optical polymers derived from AB2 and AB monomers via sonogashira coupling reaction[J]. Macromol. Chem. Phys.，2010，211：916-923.

[46] Lee C C，MacKay J A，Frechet J M J，et al. Designing dendrimers for biological applications[J].Nature Biotechnology，2005，23(12)：1517-1526.

[47] Voit B. New developments in hyperbranched polymers[J].Journal of Polymer Science Part A：Polymer Chemistry，2000，38(14)：2505-2525.

[48] Jikei M，Kakimoto M A. Hyperbranched polymers：A promising new class of matrials [J]. Prog. Polym. Sci.，2001，26：1233-1285.

[49] Zhang B Z，Wefp R，Fischer K，et al. The largest synthetic structure with molecular precision：Towards a molecular object[J]. Angew. Chem. Int. Ed.，2011，50(3)：737-740.

[50] Hadjichristidis N，Iatrou H，Pispas S，et al. Anionic polymerization：High vacuum techniques[J].Journal of Polymer Science Part A：Polymer Chemistry，2000，38：3211-3234.

[51] Webster O W. Living polymerization methods[J]. Science，1991，251(4996)：887-893.

[52] Chiefari J, Chong Y K, Ercole F, et al. Living free-radical polymerization by reversible addition-fragmentation chain transfer: the RAFT process[J]. Macromolecules, 1998, 31:5559-5562.

[53] Tong Y Y, Dong Y Q, Du F S, et al. Synthesis of well-defined poly(vinyl acetate)-b-polystyrene by combination of ATRP and RAFT polymerization[J]. Macromolecules, 2008, 41:7339-7346.

[54] Wang W J, Wang D, Li B G, et al. Synthesis and characterization of hyperbrached polyacrylamide using semibatch Reversible Addition-Fragmentation Chain Transfer (RAFT) polymerization[J]. Macromolecules, 2010, 43:4062-4069.

[55] Lv L, Wu W X, Zou G, et al. Reduction of the rate retardation effect in bulk RAFT radical polymerization under an externally applied magnetic field[J]. RSC Polymer Chemistry, 2013, 4: 908.

[56] Hornung C H, Nguyen X, Kyi S, et al. Synthesis of RAFT block copolymers in a multi-stage continuous flow process inside a tubular reactor[J]. Aust. J. Chem., 2013, 66:192-198.

[57] Zetterlund P B, Perrier S. RAFT Polymerization under microwave irradiation: Toward mechanistic understanding[J]. Macromolecules, 2011, 44:1340-1346.

[58] Barner-Kowollik C, Buback M, Charleux B, et al. Mechanism and kinetics of dithiobenzonate-mediated RAFT polymerization. I [J]. J. Polym. Sci. Part A: Polym. Chem., 2006, 44:5809-5831.

[59] Moad G, Chiefari J, Chong Y K, et al. Living free radical polymerization with reversible addition-fragmentation chain transfer(the life of RAFT)[J]. Polym. Int., 2000, 49: 993-1001.

[60] Monteiro M J, Hans de Brouwer. Intermediate radical termination as the mechanism for retardation in reversible addition-fragmentation chain transfer polymerization[J]. Macromolecules, 2001, 34:349-352.

[61] Turro N J, Kraeutler B. Magnetic field and magnetic isotope effects in organic photochemical reactions. A novel probe of reaction mechanisms and a method for enrichment of magnetic isotopes[J]. Acc. Chem. Res., 1980, 13: 369-377.

[62] Steiner U E, Ulrich T. Magnetic field effect in chemical kinetics and related omena[J]. Chem. Rev., 1989, 89:51-147.

[63] Lee H, Yang N, Cohen A E. Mapping nanomagnetic field using a radical pair reaction [J]. Nano Lett., 2011, 11:5367-5372.

[64] Jones J A, Hore P J. Spin-selective reaction of radical pairs act as quantum measurements[J]. Chemical Physics Letters, 2010, 488:90-93.

[65] Lv L, Zhou J, Zou G, et al. Quantitatively probing cross-termination in RAFT polymerization by an externally applied magnetic field[J]. Macromol. Chem. Phys., 2015, 216: 614-620.

[66] Chen M, Johnson J A. Improving photo-controlled living radical polymerization from trithiocarbonates through the use of continuous-flow techniques[J]. Chem. Commun.,

2015,51(31):6742-6745.

[67] Wenn B,Junkers T. Continuous microflow photo RAFT polymerization[J]. Macromolecules,2016,49: 6888-6895.

[68] Wang J,Rivero M,Bonilla A M,et al. Natural RAFT polymerization: Recyclable-catalyst-aided, opened-to-Air, and sunlight-photolyzed RAFT polymerizations[J]. ACS Macro Lett. , 2016,5:1278-1282.

[69] Wang R X,Xia H Y,Zhang D G,et al. Bloch surface waves confined in one dimension with a single polymeric nanofibre[J]. Nature Communications,2017,8:14330.

[70] Saleh B E A,Teich M C. Fundamentals of photonics[M]. New York:John Wiley & Sons, Inc. , 1991:174.

[71] Bicerano J. Prediction of polymer properties[M]. 2nd ed. New York:Marcel Dekker Inc. , 1996.

[72] Katritzky A R,Sild S,Karelson M. Correlation and prediction of the refractive indices of polymers by QSPR[J].J. Chem. Inf. Comput. Sci. ,1998,38: 1171-1176.

[73] Xu J,Chen B,Zhang Q J,et al. Prediction of refractive indices of linear polymers by a four-descriptor QSPR model[J]. Polymer,2004,45:8651-8659.

[74] Gao J G,Xu J,Chen B,et al. A quantitative structure-property relationship study for refractive indices of conjugated polymers[J].J. Mol. Model,2007,13:573-578.

[75] http://tech. sina. com. cn/d/i/2016-12-30/doc-ifxzczff3439819. shtml.

第 2 章　有源聚合物光纤材料及其性质

　　有源聚合物光纤(Active Polymer Optical Fiber)是指在外界能量激发下能够发光的一类聚合物光纤。典型的例子包括光纤放大器和光纤激光器中所采用的光纤介质。最为简单的有源聚合物光纤模型是直接将荧光染料掺杂到聚合物光纤的纤芯介质中,利用外界激发光(包括纵向泵浦和侧向泵浦)激发荧光分子发光,聚合物光纤使荧光沿着光纤波导传播,成为有源聚合物光纤。这样一个简单的模型可以追溯到 20 世纪 60 年代的初步探索工作[1]。随后,由于玻璃光纤的迅速普及,同样原理的有源玻璃光纤在光纤放大器需求的激励下进行了很多研究,而相应的有源聚合物光纤工作延后到 20 世纪 90 年代才再次开始[2,3]。

　　用于光信息传输的聚合物光纤是与玻璃光纤同时被提出的。20 世纪 60 年代,美国杜邦公司开始生产以聚甲基丙烯酸甲酯为纤芯材料,氟代聚合物作为包层材料的阶跃型聚合物光纤,但由于损耗较大,很难用于光信息传输。70 年代,日本三菱化纤生产出牌号为 Eska™ 的聚合物光纤产品,损耗仍然高达 300 dB·km^{-1},仅能用于照明等低端应用[4]。目前,成熟的聚合物光纤产品的损耗已经能够控制在 150~200 dB·km^{-1},能够完成短距离的光信息传输。

　　应用于光信息传输的聚合物光纤主要面临两个方面的问题:一是由于材料的本征性质(化学基团的振动吸收),聚合物在通光窗口(可见光区域)具有较大的吸收损耗;二是由于聚合物光纤直径较大,光纤传输模式数目增加,造成模式色散。针对两方面带来的不利影响而进行的相关科学技术研究,已成为近几十年来聚合物光纤研究领域的主要内容。针对模式色散问题,发展了以梯度折射率聚合物光纤为代表的一类微结构光纤,此类光纤通过模式选择传输来抑制多模传输过程造成的模式色散[5]。针对损耗问题,采用光纤放大器是一种有效方法,并已在光纤网络的应用中得到证明[6]。作为光信息传输介质,聚合物光纤尚没有被广泛应用于光纤网络,聚合物光纤放大器还处在实验室研究阶段。其中,作为核心材料的有源聚合物光纤已成为聚合物光纤研究领域的分支之一。

　　能够用于制作有源光纤的荧光材料有很多种,例如,有机染料掺杂的聚合物被首选用于聚合物光纤放大器的制作[2]。在研究和制作玻璃光纤放大器的过程中,均选用稀土作为发光材料。选择稀土,主要是考虑稀土的独特发光性质:能级丰富,单色性(发射峰的半峰宽小于 10 nm),稳定性好[7]。特别是稀土离子与无机玻璃有很好的相容性,因而成为玻璃光纤放大器实际选用的发光材料[6]。稀土离子与有机聚合物是不相容的。要采用稀土作为聚合物光纤放大器的发光源，需要将稀土离子转化成为稀土有机化合物。通常，将含有稀土有机化合物的聚合物光纤称为稀土掺杂聚合物光纤。这种光纤也是以稀土离子作为发光中心的有源光纤，只是随着基质材料的变化，发光过程会有相应的改变，该相关内容成为稀土掺杂聚合物光纤的主要研究内容。需要指出的是，尽管稀土有机化合物已经改善了稀土与有机聚合物的相容性，但是由于稀土有机化合物与有机聚合物之间仍然存在细微的化学成分和结构差别，稀土有机化合物与聚合物之间的相容性仍然是制备有源聚合物光纤首先要考虑的问题。

2.1　稀土掺杂聚合物的合成与表征

改善无机稀土离子与有机聚合物相容性的方法是将稀土离子制成稀土有机络合物，也常简称为稀土络合物，即在无机离子周围配位上有机配体。稀土络合物中离子与配体之间的能量传递过程很早就得到了关注[8]。自 20 世纪 70 年代至今，将稀土络合物引入聚合物的工作得到了很大发展，主要驱动力来自将稀土离子的良好发光性质与聚合物的容易加工、比重小和良好的柔韧性的相结合，获得了能够用于许多方面的柔性发光材料。

2.1.1　稀土掺杂聚合物的制备

相比其他种类的稀土化合物，稀土络合物具有两个优点：一是与聚合物有很好的相容性；二是分子内的能量传递能够提高稀土离子的发光效率[8,9]。尽管其他有机化合物与稀土离子之间的能量传递也能够实现[10]，但是为了能同时发挥两点优势，稀土络合物是制备含稀土聚合物的最佳选择。而在合成稀土络合物之前，首先要决定使用何种有机配体。

图 2.1 给出了研究工作所选用的有机配体的化学结构以及稀土离子种类。采用它们合成稀土络合物已经有成熟的合成路线[11]。例如，$Re(DBM)_3Phen$ 的合成路线如下：

$$Ph-Co-CH_3 + Ph-Co-C_2H_5 \xrightarrow[\text{乙醇}]{\text{乙醇钠}} Ph-CO-CH_2-CO-Ph \text{（DBM）}$$

$$Re_2O_3 + 6HNO_3 \longrightarrow 2Re(NO_3) + 3H_2O$$

$$Re(NO)_3 + 3DBM \xrightarrow[\text{乙醇}]{\text{乙醇钠}} 3NaNO_3 + Re(DBM)_3 \cdot 2H_2O$$

$$Re(DBM)_3 \cdot 2H_2O + Phen \xrightarrow{\text{乙醇}} Re(DBM)_3 \cdot Phen$$

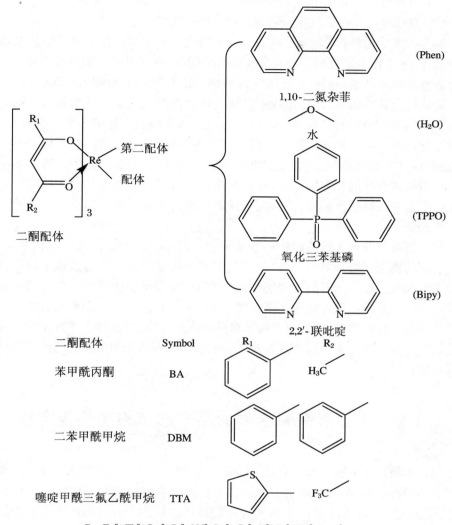

图 2.1　合成稀土络合物过程中采用的部分稀土离子种类和有机配体的化学结构

主要包括三个步骤：

(1) 合成含氧配体；

(2) 合成以水分子作为第二配体的络合物；

(3) 使用 1,10-二氮杂菲(化学结构见图 2.1)取代水分子作为第二配体。

在这一合成路线中，随着稀土离子的改变，反应条件如溶剂、温度和 pH，需要做出相应改变。得到的产物可以通过红外光谱和核磁共振谱进行表征。

通常有三种方法将稀土离子引入聚合物：

(1) 将稀土络合物与聚合物共混[1]；

(2) 首先合成含有稀土离子的单体，然后与其他单体进行共聚[12]；

(3) 直接将稀土有机盐化合物与聚合物进行共混[13]。

第三种方法的过程简单，原料易得。不足之处在于：① 稀土离子的掺杂浓度很难提高，通常作为研究聚合物凝聚态结构的探针，或者用于一些对稀土离子浓度和分散性要求不高的材料；② 有机配体与稀土络合物的能级相差较大，能级不匹配会造成能量转移困难，直接导致有机稀土化合物的荧光量子效率较低。第二种方法在结构和性能方面都有优势，不足之处在于，含稀土单体的合成比较复杂，很难批量化制备。第一种方法能够克服上述两种方法的不足，将两者的优势融为一体，在获得材料的难易程度和性能之间达到一种平衡。值得注意的是，虽然稀土络合物和有机聚合物的相容性很好，在较高浓度条件下仍然会有团聚。这就需要结合实际要求来选择最佳浓度，同时按照性能要求对所获得的样品进行仔细的凝聚态结构表征。

稀土掺杂聚合物光纤的制备通常采用改进的第一种方法。具体过程如下：将合成得到的稀土络合物溶于单体（通常为甲基丙烯酸甲酯），然后通过本体聚合将混合溶液固化。由于两者的内聚能仍然存在差别，因而要获得光子学要求的稀土掺杂聚合物需要小心地控制稀土络合物的浓度和固化过程。得到的聚合物可以用于制作拉制光纤的预制棒，也可以将其溶解制成聚合物薄膜，用于各种结构表征和性质研究。聚合物的光学品质需要通过凝聚态结构表征和相关的光学性质测试来最后决定。

2.1.2　稀土掺杂聚合物的凝聚态结构和热稳定性

取决于所带电荷数目和体积大小，稀土离子的配位数目通常大于 8。典型的配体分为两种：一是带有电荷的有机阴离子，为第一配体；二是不带电荷的中性配体，为第二配体。图 2.1 给出了几种有机配体的结构图。由有机配体包裹着的稀土离子已经是一种有机化合物，在掺杂到聚合物中时，理论上与有机聚合物是相容的。然而，化学结构对稀土掺杂聚合物材料的凝聚态结构会产生很大影响，例如，不同溶度参数会造成稀土络合物在聚合物本体内发生团聚；在聚合物链的挤压作用下，稀土络合物的结构会发生畸变；等等。对稀土掺杂聚合物凝聚态结构的详细表征是真正获得光子学稀土掺杂聚合物及其性质的前提。

纯的稀土络合物通常条件下为结晶态，在简单的 X-射线衍射谱中会出现尖锐的衍射峰。可溶解在单体中，晶体结构解体，以分子状态分布在溶剂中。随着单体的聚合，溶液逐步固化，稀土络合物在这一凝聚过程中逐步固化在聚合物链之间。为了了解稀土络合物是以分子还是以小晶粒分散在聚合物固体中，最为简单的方法是使用 X-射线进行观察。图 2.2 给出了 $Eu(TTA)_3(TPPO)_2$ 掺杂聚甲基丙烯酸甲酯（PMMA）样品的 X-射线衍射图（图 2.2 中曲线（a），络合物重量浓度：3.0%-wt）。与单纯稀土络合物的 X-射线衍射图（图 2.2 中曲线（b））相比，图 2.2 中曲线（a）中的晶体衍射峰消失，说明在实验条件下没有观察到晶体存在。值得指出的是，这里的实验条件包括稀土络合物掺杂浓度为 3.0%-wt。固化过程中是否有稀土络合物的小晶粒形成？小晶粒的衍射峰是否被聚合物的漫衍射峰所覆盖？单独这样一个 X-射线衍射观察还不能回答以上问题。

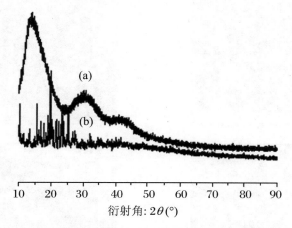

图 2.2　Eu(TTA)₃(TPPO)₂ 掺杂聚甲基丙烯酸甲酯(a) 和 Eu(TTA)₃(TPPO)₂ 的 X-射线衍射图(b)[14]

掺杂样品中稀土络合物的浓度为 3.0%-wt

凝聚态结构的显微观察有很多实验方法，其中最为直接和方便的方法是光学观察。但是，光学观察受到光斑尺寸导致的衍射极限的限制，即光学观察的分辨率极限大约为 1/2 观察光的波长，即所得物象只能具有大于 1/2 波长的分辨率。通常可见光的波长处于 400～750 nm，所以光学显微镜通常不能观察到小于 200 nm 的微观结构。为了克服这一衍射极限，近几年来已经发展了很多新的显微技术。这些显微技术对于样品和设备都有特殊要求，多数用于技术发展研究和生物研究，具体内容可以参见相关综述[15-18]以及获得 2014 年化学奖的相关成像技术的介绍[19]。其中一种新的显微技术，近场扫描光学显微镜（Near-Field Scanning Optical Microscopy，NSOM），已经成为一种用于材料研究的、有效的光学观察仪器[20]。已有的实验结果表明，NSOM 具有纳米尺度的空间分辨率，而且保留光学观察的特点：能够同时得到物像和透过光谱。通过比较物像和透过光谱，可以对掺杂聚合物中的微相尺度进行观察，进而推算出可能的结构[21,22]。采用这一技术，对铕离子浓度为 10^4 mg·kg^{-1}（6.6%-wt）的 Eu(DBM)₃Phen 掺杂的 PMMA 进行了微观结构研究[23]。图 2.3 是使用商用 NSOM 设备（RHK Technology，USA）扫描得到的样品断面的表面形貌（图 2.3(a)）和透射光谱（光源是波长为 457.9 nm

的 Ar 离子激光器)照片(图 2.3(b))。按照探针孔径可知,图片的水平分辨率为 50 nm。图 2.3 中所示直线 A 为获得图 2.4 数据的扫描路径,得到的样品表面高度变化和透射光强变化如图 2.4 所示。

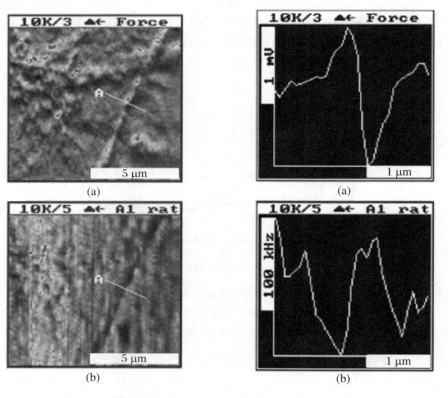

图 2.3　Eu(DBM)₃Phen 掺杂的 PMMA 的 NSOM 照片
(a) 形貌;(b) 透射

图 2.4　Eu(DBM)₃Phen 掺杂的 PMMA 的 NSOM 扫描
(a) 高度;(b) 透射

图 2.3(a)中的明亮程度代表表面形貌的高度:亮度越大,形貌高度越高。而图 2.3(b)所示的透射照片正好相反,亮度大的区域表明表面形貌高度较低,透过光的强度较大。用软件沿直线 A 所取的数据如图 2.4 所示。图中横坐标表示距离,纵坐标分别是检测器给出的代表表面高度的电压数值和透射光强的光子计数(1 Hz = 1 Photon·s⁻¹)。从图 2.4 中能够较明显地看出:图 2.4(a)的距离分布曲线的形状正好与图 2.4(b)的距离分布曲线的形状相反,高、低对应分布。这一图像处理结果与图 2.3 所给的照片一致,能够用于定量描述稀土掺杂聚合物的微观结构。上述各图给出的结果完全取决于聚合物的形貌,没有受到掺杂稀土络合物聚集而产生散射的影响,这表明在 50 nm 光学分辨率条件下,稀土络合物是均匀分布的。

稀土掺杂聚合物中稀土离子的发光性质也是探索稀土离子在聚合物中聚集状

态的一种方法。采用共混方式制备的稀土掺杂聚合物的发光强度通常会比采用共聚方式引入稀土络合物的稀土掺杂聚合物的发光强度低,主要是共混过程中无法排除少量聚集的结果[24]。对于上述 Eu(DBM)₃Phen 掺杂的 PMMA 的不同浓度样品的荧光寿命测试结果表明,样品的荧光寿命并不随着浓度发生变化,这说明稀土掺杂聚合物的荧光没有表现出浓度淬灭,即在所研究的稀土络合物种类、聚合物种类和浓度等确定条件范围内,稀土络合物没有发生聚集[23]。没有发生聚集的原因主要有两个:一是材料制备工艺过程是先将稀土络合物与单体共混,然后再进行聚合。在这个过程中,只要稀土络合物与聚合物和单体的相容性接近,就不会在聚合过程中发生分相。二是稀土络合物中的无机稀土离子由四个双齿有机配体所包围,形成的有机壳层在无机离子和聚合物基质之间是很好的缓冲区,利于两者的相容。采用稀土有机盐制备的稀土掺杂聚合物与此不同,周围仅有六个氧原子,不足以满足稀土离子的配位数目,从而造成稀土离子还有与周围其他电负性高的原子进行配位的倾向,易形成离子盐之间的聚集。实验结果发现,在使用稀土有机盐掺杂聚合物时,稀土离子浓度达到 10^3 mg·kg⁻¹时,NSOM 就能观察到微相区的形成[22]。

稀土离子发光所涉及的能级是主量子数为 f 的原子内层电子能级。理论上,同一主量子数的电子轨道之间的电子跃迁是禁阻的。这一选择定则来源于式(1.7)所给的吸收偶极矩中吸收光谱项的贡献为零。由于存在中心对称,同一电子轨道的电偶极及电偶极算子为零,同一轨道内能级之间的跃迁是禁阻的,例如,s-s,p-p 和 f-f 等能级之间的跃迁为对称性禁阻跃迁[25]。但是,在具体的稀土材料中,f-f 跃迁通常能够发生。这是由于能级间的相互作用和原子周围微环境的影响会造成能级对称性的畸变,使得对称性受到破坏,禁阻变为允许,发光得以实现。由此可见,稀土掺杂聚合物中稀土离子的周围环境是直接影响其发光的因素之一。这种纳米微观结构中原子的分布状况可以使用扩展 X-射线吸收精细结构(Extended X-ray Absorption Fine Structure,EXAFS)方法进行表征。对含钐PMMA 材料的 EXAFS 研究结果表明:正辛酸钐盐在掺杂进入聚合物后,周围环境保持不变,配位数为 9.12,Sm—O 化学键的长度为 2.43×10^{-10} m。而含铕聚合物则不同,发现有二价和三价铕离子共存[26]。这种原子水平的分析,能够确定稀土离子周围其他原子的位置,定性说明稀土离子周围的配位原子与稀土离子的相互作用,并用于解释稀土离子的发光性质。除了直接的结构分析以外,稀土掺杂聚合物的微结构还可以从不同能级的跃迁来了解。

对于稀土离子的发光而言,f-f 跃迁主要由磁偶极和电偶极的跃迁贡献。磁偶极很少受周围环境变化的影响,因而具有固定的强度;电偶极则对周围环境变化极为敏感。理论和实验都表明,可以采用两者发射光的强度比值来表征稀土离子的周围环境[27]。对 Eu(DBM)₃Phen 掺杂的 PMMA 样品的研究结果表明:在波长为396 nm 的紫外光激发下,在 579 nm,591 nm,613 nm 和 652 nm 处分别有四个发射峰,分别对应于$^5D_0 \to {}^7F_0$,$^5D_0 \to {}^7F_1$,$^5D_0 \to {}^7F_2$ 和$^5D_0 \to {}^7F_3$ 的跃迁,如图 2.5 所示。其中,$^5D_0 \to {}^7F_2$ 对应的发射峰位置在 613 nm,是一个源于电偶极的环境敏感荧光发射;位于 591 nm 处的$^5D_0 \to {}^7F_1$,则是源于磁偶极的跃迁,对于环境变化不敏感。两者强度的比值$[R = I(^5D_0 \to {}^7F_2)/I(^5D_0 \to {}^7F_1)]$ 可以用来考察不同掺杂浓度条件下,稀土离子周围环境的对称性变化情况。

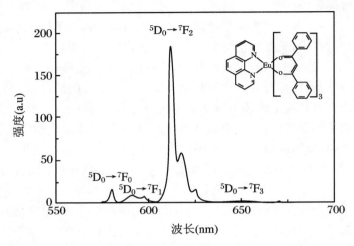

图 2.5　Eu(DBM)₃Phen 掺杂的 PMMA 的荧光光谱

浓度:5000 mg·kg^{-1};激发光波长:396 nm

图 2.6 给出了不同浓度 Eu(DBM)₃Phen 掺杂 PMMA 的荧光光谱。光谱对 613 nm 处的发射峰做了归一化处理。从中可以看出,发射光谱的形状保持不变,即 R 值保持不变。说明,随着浓度变化,稀土离子周围环境造成的对称性的畸变没有变化,掺杂的稀土络合物的发光性质也没有变化[23]。

作为材料,聚合物具有加工容易、便于分子水平剪裁和重量轻等特点。相对于金属材料和无机非金属材料,聚合物具有较低的玻璃化转变温度和分解温度。这一特点也造成聚合物材料在使用过程中的稳定性不足。因此,在应用过程中,聚合物的稳定性特别受到关注。特别是在器件的使用温度范围内,如何保证使用性能不变是聚合物科学领域中十分活跃的研究方向。为了了解稀土掺杂聚合物的热稳定性,使用热重分析仪和差热扫描量热仪对掺杂量为 3.3%-wt(稀土离子浓度为 5000 mg·kg^{-1}-wt)的 Eu(DBM)₃Phen 掺杂的 PMMA 进行了表征。图 2.7 是两种表征的结果以及掺杂与非掺杂样品之间的比较。

从图 2.7(a)中可以看出:相对于纯 PMMA 样品的热降解温度(290 ℃),Eu(DBM)₃Phen 掺杂的 PMMA 的热降解温度下降至 210 ℃,与 Eu(DBM)₃Phen 的热降解温度接近。这一结果表明:当聚合物掺杂了低降解温度的小分子化合物后,低降解温度决定掺杂材料的降解温度。按照这一规律,理论上讲,稀土掺杂聚合物的热降解很难超过纯的聚合物。这一将稀土掺杂聚合物的降解温度限制在对

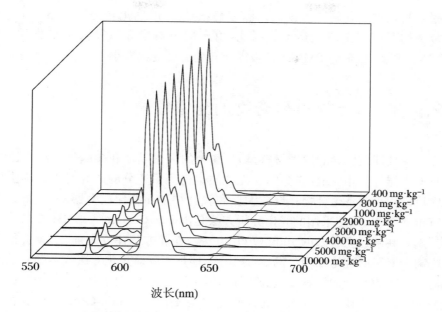

图 2.6　不同浓度条件下的 Eu(DBM)₃Phen 掺杂的 PMMA 的荧光光谱

激发光波长：396 nm

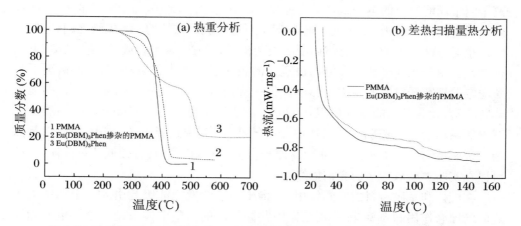

图 2.7　Eu(DBM)₃Phen 掺杂的 PMMA 的热重分析(a)和差热扫描量热分析(b)
以及掺杂与非掺杂样品之间的比较

应的纯聚合物的降解温度以下的特点,是设计稀土掺杂聚合物时要考虑的因素之一。图 2.7(b)表明,纯的 PMMA 和 Eu(DBM)₃Phen 掺杂的 PMMA 的玻璃化转变温度变化不大,分别为 100.5 ℃和 103.0 ℃。通常条件下,聚合物材料以及由其制作的器件均在玻璃化转变温度以下使用,以确保材料或器件的尺寸稳定性。上面的结果表明:Eu(DBM)₃Phen 掺杂的 PMMA 中的 Eu(DBM)₃Phen 掺杂量较低(实验中样品的掺杂量为 3.3%-wt),并没有降低聚合物的使用温度。这一实验结果很容易从玻璃化转变温度的内涵理解：通常在玻璃化转变温度条件下，对应于个位数的亚甲基链段的运动。因此，由于配位数饱和以及掺杂量少的原因，Eu(DBM)$_3$Phen 掺杂的 PMMA 的玻璃化转变温度变化较小。

2.1.3　稀土掺杂聚合物的光谱性质

作为一种性质优异的发光材料，稀土掺杂的无机晶体和非晶体材料广泛应用于各种发光器件。相应地，它们的发光性质也得到了充分的研究[28,29]。稀土掺杂聚合物可以用于制备聚合物光纤放大器和聚合物平面波导放大器，相关研究工作也都有报道[30,31]，其中采用的光谱分析方法是由 B. R. Judd[32] 和 G. S. Ofelt[33] 分别提出并共同建立起来的 Judd-Ofelt 方法。在此方法建立之前，已经有很多关于稀土离子能级的理论处理。例如，采用 4f^2 能量矩阵对角化方法或泰勒级数展开方法对稀土吸收光谱的计算处理。详细内容可以阅读专门的学术专著和相关的学术论文[34-36]。稀土掺杂聚合物的光谱研究主要采用的是 Judd-Ofelt 方法。在介绍具体分析结果之前，对这一方法进行简单的介绍。

与有机分子不同，稀土离子的电子能级已得到清楚表征，相关发光光谱可通过离子内不同能级上的电子跃迁进行描述[37]。前节已经提到，稀土离子的 f→f 能级间跃迁主要由电偶极、磁偶极和电四极[38]跃迁构成。在纯的 4f^n 能级之间，电偶极跃迁是对称性禁阻的。只有与周围能级杂化后，对称性才被打破，产生"被动"电偶极跃迁。由于磁偶极跃迁和电四极跃迁的相对强度要小很多，所以通常情况下只考虑电偶极跃迁对发光光谱的影响。另一方面，作为发光中心的稀土离子的能级非常丰富，较为全面的结果可以从 Dieke 能级图中看到[37]。Dieke 能级图展示了三价镧系离子在 LaCl$_3$ 晶体中 4f 电子的能级图，其中选择 LaCl$_3$ 晶体的原因是因为三价镧系离子在 LaCl$_3$ 中取代 La 原子占据的 C$_{3h}$ 格位，具有较低的对称性，从而可以在实验上获取较多的光谱能级。

在配体和基质材料的共同作用下，稀土离子的发光能级是由 4f^N 组态中电子之间的库仑作用和自旋-轨道相互作用共同决定的。整个体系是一个多电子相互作用体系，使用薛定谔方程至今尚无法求出严格解，通常采用一些参数来表征结果。这些参数可以根据实验数据，通过适当拟合步骤得到。例如 Slater-Condon 参数(F^2, F^4, F^6)和自旋-轨道相互作用参数(ζ_{4f})[35]。反过来，获得的这些参数不仅反映出材料结构信息和相关的性质，而且可以进一步用于表征材料及其发光性质，比如光放大性质和激光性质。随着这些研究结果的出现，这一建立在理论计算和实验数据基础上的稀土材料表征方法得到更为深入的研究，其中由 Judd 和 Ofelt 分别独立完成的理论处理方法更是方便用于不同材料的光谱性质表征，现已被普遍用于各种含稀土发光材料的性质表征。

根据 Judd-Ofelt 方法,电偶极谐振强度(P_{ed})可由下式给出:

$$P_{ed} = \left[\frac{8\pi^2 mc}{3h}\right]\chi\nu\sum_{\lambda=2,4,6}\frac{\Omega_\lambda}{(2J+1)}\times\langle f^N\Psi_J \parallel U^{(\lambda)} \parallel f^N\Psi'_{J'}\rangle^2 \qquad (2.1)$$

其中,m 是电子质量;c 是光速;h 是 Planck 常数;$\chi = \frac{(n^2+2)^2}{9n}$ 是局域场校正因子,n 是折射率;ν 是频率;J 是初始态的总角动量;$U^{(\lambda)}$ 是由 Carnall 等人[39]给出的 λ 级张量算符;$f^N\Psi_J$ 是 4f 壳层中角动量为 J 的所有能级的波函数;Ω_λ 是光强参数。

原则上讲,光强参数 Ω_λ 可以从理论计算得到。由于这些参数与各种物质状态有紧密的关系,通常是从实验光谱数据通过式(2.1)求得这些参数,并从中获得相关材料结构的信息,从而为应用稀土发光材料制作器件进行材料设计。

对于较弱的磁偶极跃迁造成的谐振强度可有下式得到

$$P_{md} = \chi\left[\frac{2\pi^2}{3hmc}\right]\langle f^N\Psi_{J,M} \mid L+2S \mid f^N\Psi'_{J',M'}\rangle^2 \qquad (2.2)$$

其中,L,S 分别是轨道和自旋角动量算符。Carnall 等人计算得到了由磁偶极跃迁造成的发光强度[40],谐振强度处于 10^{-8} 数量级,比电偶极跃迁的谐振强度小两个数量级。电四极跃迁的谐振强度具有 10^{-11} 数量级[41]。在这种情况下,通常实验获得的谐振强度与电偶极跃迁的谐振强度相当,即可以近似认为:$P_{exp} = P_{ed}$。

实验上是通过吸收光谱来获得谐振强度的[42]:

$$P_{exp} = 4.318\times10^{-9}\int\varepsilon(\nu)\mathrm{d}\nu \qquad (2.3)$$

其中,在能量为 $\nu(\mathrm{cm}^{-1})$ 处的 ε 摩尔消光系数($\mathrm{M}^{-1}\cdot\mathrm{cm}^{-1}$),可以由 Beer 定律获得。由式(2.3)得到的谐振强度实验值可以带入式(2.1),求解线性方程可得光强参数 Ω_λ 值,用于探讨掺杂稀土材料的结构与稀土发光性质之间的关系。

对稀土掺杂聚合物进行光谱性质表征是制备稀土掺杂聚合物光纤的基础。根据不同稀土离子的发光特性分别采用不同方法,可以对不同稀土掺杂的聚合物材料的发光性能进行表征。

钕离子具有丰富的能级,在很多基质中的发光都可以作为潜在的激光材料,因而相关的材料研究是一个十分活跃的领域[43]。在有源聚合物光纤材料的驱动下,钕离子掺杂聚合物的发光性质得到研究[44,31]。图 2.8 是 Nd(DBM)₃(TPPO)₂ 掺杂聚合物和相应单体作为溶剂时的溶液在可见光区的吸收光谱。从图中可以看出,钕离子在可见光区有丰富的能级,方便进一步从理论上认识这些能级与基质结构的关系。采用泰勒展开、电子云膨胀效应计算和 Judd-Ofelt 方法对吸收光谱进行处理。结果表明:理论结果和实验结果的能量差值小于 $300\ \mathrm{cm}^{-1}$,能级的归属可信;以水合离子为标准,在聚合物基质中,由于聚合物链的链弹性受到配体的隔离,溶液中和聚合物基质中的发光性质不受基质影响;Nd(DBM)₃Phen 掺杂聚合物的荧光分支比、辐射寿命、模拟发射截面和 $^4F_{3/2}\rightarrow{}^4I_{11/2}$ 半高宽的数值都满足进一步发

展成为 $1.06\,\mu m$ 发射的宽带光纤、波导放大器和可调谐激光器的条件[45]。虽然这些性质对基质性质不敏感,但是对稀土络合物的配体改变极为敏感。对具有不同第二配体的系列钕络合物掺杂聚合物的辐射性质研究,结果表明:钕络合物掺杂聚合物的荧光分支比与 Ω_2 参数相关,而与 Ω_4 和 Ω_6 参数无关。就不同结构的第二配体而言,Nd(TTA)$_3$Dpbt 掺杂聚合物具有最大发射截面,1066 nm 处发射的荧光分支比达到 88.3%,远高于成为激光材料所要求的 50%[46]。

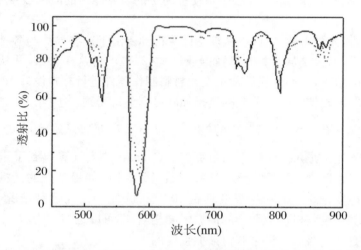

图 2.8　Nd(DBM)$_3$(TPPO)$_2$ 络合物在甲基丙烯酸甲酯中(实线)和在聚甲基丙烯酸甲酯基质中(曲线)的吸收光谱

具体的化学结构参见图 2.1

　　稀土用于发光材料的一个优势就在于多种不同稀土离子具有不同的发光波长。上面所述的钕离子的特征发光包括 918 nm、1066 nm 和 1350 nm,分别对应于 Nd^{3+} 离子的 $^4F_{3/2} \rightarrow ^4I_{9/2}$,$^4F_{3/2} \rightarrow ^4I_{11/2}$ 和 $^4F_{3/2} \rightarrow ^4I_{13/2}$ 的能级间的跃迁。在可见光区的 Eu^{3+} 离子的特征发光位于 613 nm,对应于 Eu^{3+} 离子的 $^5D_0 \rightarrow ^7F_2$ 跃迁。由于不同稀土离子的电子结构和原子尺寸都极为接近,因而造成它们的发光又具有类似性质。针对这一特性,通过对 Eu^{3+}[47,48]、Pr^{3+}[49]、Er^{3+}[50] 和 Sm^{3+}[51] 的络合物掺杂聚合物的类似光谱分析,结果表明:这些离子的不同波长处的特征发光,都具有类似于上面 Nd^{3+} 络合物掺杂聚合物的光谱性质,是很好的光放大和激光备选材料。值得指出的是:这些材料都是由不同的稀土络合物掺杂聚合物制备得到的,类似的材料制备过程能够获得不同波长位置的光放大材料和激光材料,完美地将稀土的发光特点和聚合物容易制备特点结合到了一起。研究结果还表明,不同稀土离子的掺杂聚合物能够用于制备不同发射波长的聚合物光纤,而已完成的相关研究集中在掺铈聚合物光纤。

2.2　稀土掺杂聚合物光纤

最早有关稀土掺杂聚合物光纤的研究工作可以追溯到 20 世纪 60 年代的掺铕聚合物光纤[1]，随后鲜有研究工作报道。直至 90 年代，在使用光纤构造互联网络的主干网的过程中，光纤放大器成为实现远距离光纤传输的关键。为了寻找光纤放大的突破口，大量研究工作集中在稀土掺杂玻璃光纤材料和相关光纤放大器件上，最终掺铒玻璃光纤放大器获得成功，并带来了光纤网络的普及[6]。也是在这个时间，以光放大为目标的稀土掺杂聚合物光纤的相关研究开始启动。

一种钕掺杂聚合物光纤的材料结构和相关光纤荧光性质的研究见参考文献[3]。研究中采用辛酸钕作为掺杂物，掺杂光纤的具体制作过程为：首先，将辛酸钕和甲基丙烯酸甲酯单体进行混溶，然后，通过本体聚合得到含稀土聚合物预制棒，最后，在加热条件下拉制成光纤。钕掺杂聚合物的吸收光谱与钕离子的吸收光谱[52]一致，具体数据如表 2.1 所示。

表 2.1　钕离子在有机介质和无机介质中吸收光谱的比较

	^4D	$^2P_{1/2}$	$^4G_{9/2}$	$^2K_{13/2}$	$^2G_{7/2}$	$^2G_{5/2}$	$^4F_{9/2}$	$^4F_{7/2}$	$^4F_{5/2}$	$^4F_{3/2}$
无机玻璃① （nm）	350	433	517	537	575	588	692	744	813	885
PMMA② （nm）	347	428	510	524	574	582	680	740	798	875

注：① 数据引自文献[53]；

② 钕离子浓度：700 mg·kg^{-1}，样品厚度：1 mm，测试温度：室温。

相比于掺杂在无机玻璃中的钕离子吸收光谱[53]，掺杂在聚合物中的钕离子吸收发生了 5 nm 左右的蓝移。这是钕离子与聚合物中酯基团相互作用的结果[3]。直接激发钕掺杂聚合物光纤中的钕离子可以获得光纤荧光。实验中采用 532 nm 光泵浦光纤，最大强度荧光出现在 585 nm。实验中还发现，钕掺杂聚合物光纤的荧光发射会随着光纤长度的增加而发生蓝移，不同于有机染料掺杂聚合物光纤红移[54]：掺罗丹明 B 的聚合物光纤的长度由 8 cm 变化到 52 cm 的过程中，发射波长从 587 nm 红移到 647 nm[3]。光纤荧光波长随着光纤长度变化而变化的原因通常包括多种，主要包括：一是材料本体的吸收；二是荧光分子与材料本体的相容性导致的荧光散射；三是自吸收现象。自吸收现象源自于吸收和发射光谱之间的重叠，是有源光纤材料的本征性质之一。在通常材料条件下，发光材料发射的荧光不经过很长的光路，吸收与发射重叠造成的自吸收效应很难体现出来。可是，对于有源光纤波导，发射的荧光经过光纤波导传输，光路很长，自吸收成为设计相关材料必须要考虑的因素。详细研究情况将在第 6 章太阳能收集器章节中进行探讨。

　　如前所述,钕掺杂聚合物光纤的荧光发射会随着光纤长度的增加而发生蓝移,
与若丹明掺杂光纤的荧光发射移动方向相反[3]。最初推测这种蓝移现象是由于聚
合物本体中 C—H 振动吸收造成的[3,55]。然而,在采用稀土络合物代替稀土有机盐
作为荧光分子后,稀土掺杂光纤的荧光发射并不随着光纤长度的变化而变化[56]。
使用辛酸钕制备的钕掺杂聚合物光纤荧光的蓝移仍然是一个尚未清楚认识的现
象,推测是由于辛酸钕与聚合物的相容性差,造成辛酸钕团聚,这种分相结构使得
荧光在光纤中发生散射造成的蓝移。这一推测主要是基于以下事实:一是辛酸钕
掺杂浓度不可能很高,通常低于 10^3 mg·kg^{-1};二是相同光纤长度下,高浓度掺杂
光纤的荧光处于较低的波长位置(蓝移)[3]。近场显微镜观测结果进一步证明了这
一推测:与图 2.3 所示的稀土络合物掺杂聚合物不同,辛酸钕掺杂聚合物的近场显
微镜照片表明,材料含有明显的聚集结构,并导致掺杂材料介电函数具有很强的空
间涨落[57]。

　　从荧光现象到光放大性质,需要荧光分子的激发态能级能够实现粒子数翻转,
即在实验上能观察到材料的放大自发辐射(Amplified Spontaneous Emission,
ASE)。采用 25 cm 长的掺钕聚合物光纤,在不同强度的 514.5 nm 激光辐照下,能
够发现光纤荧光的输出强度表现出显著的非线性增长[58],如图 2.9 所示。

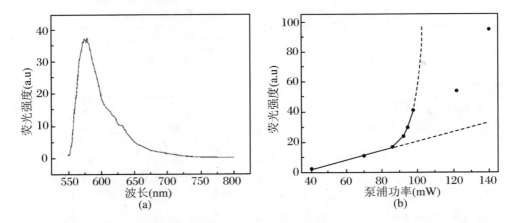

图 2.9　掺钕聚合物光纤的荧光谱(a)和放大自发辐射(b)
激发波长:514.5 nm;发射波长:575 nm;钕离子浓度:200 mg·kg^{-1};
光纤长度:25 cm;光纤直径:0.6 mm;光纤数值孔径:0.49

　　图 2.9(a)所示荧光谱的能级归属表明:钕掺杂聚合物光纤的荧光属于钕离子
的 $^4G_{5/2}$ 到 $^4I_{9/2}$ 能级间的跃迁,是一个典型的三能级系统,不同于发射波长处于
1342 nm 的钕玻璃光纤放大器的四能级系统[59]。进一步地分析 J-O 理论可知:这
个三能级系统的成立是由于 $^4G_{5/2}$ 到 $^2F_{5/2}$ 跃迁的强度要小于 $^4G_{5/2}$ 到 $^4I_{9/2}$ 跃迁两个
数量级,说明钕掺杂聚合物体系和采用 514.5 nm 作为激发光能够很好抑制 $^4G_{5/2}$
到 $^2F_{5/2}$ 的激发态吸收[58]。值得指出的是:相对于四能级系统,三能级系统减少了

一个能级间的能量转换过程,是一个效率较高的过程。

图 2.9(b)给出了不同泵浦功率下的荧光强度。结果表明,在 85 mW 以下,泵浦功率与发射光强度为线性关系。超过这一阈值功率,两者的关系表现出明显的非线性,自发辐射的荧光过程得到了放大。这种放大自发辐射现象表明掺钕聚合物光纤是一种增益介质。

然而,使用辛酸钕作为荧光分子进行掺杂,存在掺杂浓度不高和发射窗口偏离聚合物光纤通光窗口两个缺点。聚合物光纤的通光窗口处于 650 nm,与这一窗口最为匹配的稀土离子是三价铕离子,其最佳发射波长处于 615 nm。而要提高稀土离子的浓度,最好的办法是采用稀土络合物,即在无机稀土离子周围包裹上有机配体分子,增加与有机聚合物的相容性。相关合成和表征工作已经在 2.1 节进行了介绍,结果表明,稀土铕络合物掺杂聚合物的浓度可以达到 10^4 mg·kg^{-1} 浓度而没有相应的相分离,是作为聚合物光纤放大器的最佳增益介质[23]。

选择稀土离子作为荧光中心的一个原因是它们具有较长的亚稳态寿命,这已经在无机光纤放大器的应用中得到了充分研究[6],对于 20 世纪的稀土掺杂聚合物光纤的相关研究也有很好的综述[31]。在所综述的研究工作中,研究内容集中在增益介质的制备和性质的研究上,对于光信号的放大工作直到 2004 年才得以实现:研究中使用的是铕掺杂浓度为 4×10^3 mg·kg^{-1} 的聚合物光纤,长度为 30 cm,直径为 0.4 mm,数值孔径为 0.46,在 613 nm 处的光纤损耗约为 3.2 dB·m^{-1}[60]。图 2.10 给出了实验装置的示意图和在有、无泵浦条件下的信号输出比较。

实验中采用 355 nm 光源(YAG 三倍频)作为泵浦光源,同时激发染料激光器产生 613 nm 的信号光源,两者同时进入稀土掺杂聚合物光纤这一增益介质,输出信号使用示波器进行检测。比较图 2.10(b)的上、下信号强度,可知信号获得了 5.7 dB 的增益。这一结果直接证明了稀土掺杂聚合物光纤的光放大性质。

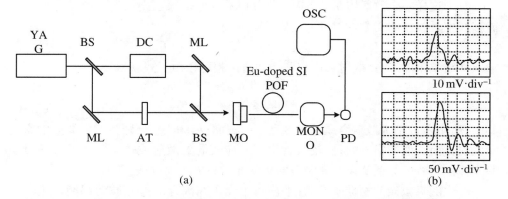

(a)　　　　　　(b)

图 2.10　掺铕聚合物光纤放大实验装置示意图(a),其中 BS:分束器;DC:染料池;ML:反射镜;AT:衰减器;MO:显微物镜;MONO:单色镜;PD:光电二极管;OSC:示波器,以及在有(下,50 mV·div^{-1})、无(上,10 mV·div^{-1})泵浦条件下的信号输出比较(b)

2.3　聚合物光纤随机激光

随机激光是 20 世纪 60 年代提出来的一种新型光激射现象[61]：当荧光染料处于散射介质中，并在强泵浦条件下，染料的荧光强度也会出现随泵浦光功率增加而非线性增加，发射光谱窄化，发射光具有相干性等现象。在散射体系中，当光子两次连续散射事件所传输的平均距离（l_s，散射自由程）远小于散射介质的尺度但是大于光波长时，光子的运动是扩散的。在均一、线性增益体系中，光子能量密度（$W(r,t)$）在扩散公式中可以写为

$$\frac{\partial W(r,t)}{\partial t} = D\,\nabla^2 W(r,t) + \frac{v}{l_g}W(r,t) \tag{2.4}$$

其中，v 是在散射介质中光的传播速度；l_g 是光强被放大 e 倍后光波所走的距离，称为增益自由程；D 是扩散系数，可以写成下面形式：

$$D = \frac{vl_t}{3} \tag{2.5}$$

其中，l_t 是光波在散射介质中光的传输平均自由程，定义为光波在它的传播方向被随机化之前所走的平均距离。

式（2.4）可以进一步写为

$$\frac{\partial W(r,t)}{\partial t} = \sum_n a_n \Psi_n(r)\mathrm{e}^{-(DB_n^2 - v/l_g)t} \tag{2.6}$$

其中，$\Psi_n(r)$ 和 B_n 分别是下面函数的本征值：

$$\nabla^2 \Psi_n(r) + B_n^2 \Psi_n(r) = 0 \tag{2.7}$$

对于这样一个散射体系，产生激光的必要条件是保证光在逃出增益介质之前能够产生足够强的受激发射，即

$$l_s > l_g \tag{2.8}$$

从维象角度来看，散射自由程和增益自由程可以由下式获得

$$l_s = 1/(\rho_s \sigma_s) \tag{2.9}$$

$$l_g = 1/(\rho_g \sigma_{sm}) \tag{2.10}$$

其中，ρ_s 和 σ_s 分别为散射介质的密度和散射截面；ρ_g 和 σ_{sm} 分别为增益介质的密度和发射截面。值得指出的是：较大自由程对应较弱的散射或较小的增益。通过实验来控制两者的关系是设计和制备随机激光材料的重要方法。

产生随机激光的物理图像为：平均每个光子在离开散射介质前都能产生额外光子，并导致"链式"效应，也就是说一个光子产生两个光子，两个光子产生四个光子，以此类推，光子数目将随着时间增加而剧增。从随机激光产生的过程可知，与谐振腔激光不同，随机激光不具有方向性。即使产生相干发射，得到的随机激光仍

然是向散射介质的周边发射。要获得某一方向发射的随机激光,一种有效的方法是将散射介质做成光纤,通过光纤对传输光的束缚来控制随机激光的方向[62]。

在材料介质中,光散射是普遍存在的。在光纤芯材料中,各种受激光散射(包括拉曼、布里渊、瑞利等)在光纤波导的束缚下都会产生随机激光。这种方法产生随机激光的效率较低,主要表现在需要使用较长(几十到上百米)的光纤和较大的阈值功率(通常为瓦级)[62]。为了提高光纤随机激光(Random Fiber Laser)的效率,在光纤芯中引入荧光染料和散射粒子构成的有源散射体系是可行的方法。最早的工作是采用光子晶体光纤材料完成的[63]。空芯光子晶体光纤(Hollow-core Photonic Crystal Fibers)是由微结构包层和空气芯层所构成的。产生光纤随机激光的样品是在纤芯直径为 $10.9\ \mu m$ 的 HC-1550-02 型光子晶体光纤的纤芯中加入含有二氧化钛粒子(直径为 250 nm 金红石粒子)和罗丹明 6G 的二乙二醇悬浮溶液制作完成的。相对于使用本体光纤材料得到随机激光的过程,这一样品得到的光纤随机激光的效率有所提高:样品长度约为 50 mm,泵浦功率约几十兆瓦/厘米^2(532 nm, 7 ns, 5 Hz)。然而,得到的随机激光仍然是非相干的。

相干光是指频率相同、振动方向相同,且相位差恒定的光。传统的谐振腔激光器产生的光具有相干性,这是由谐振腔中的光子进行谐振造成的。对于随机激光来说,增益过程是随机的,一般增益介质很难产生相干激射。使用非晶硅衬底上生长的氧化锌薄膜作为散射介质时,产生的激射显著不同于其他随机激光现象:一是产生的激光在样品的各方向都能观察到,而且光谱随着观测角度不同而不同;二是阈值功率存在位置依赖性。从材料结构和光散射路径的表征结果得知,这样奇特的光散射现象源自于特殊的材料结构造成散射介质中形成散射闭环回路(Closed Loop),称为随机激光谐振腔。谐振腔产生的随机激光有可能是相干随机激光[64]。采用 410 nm 的探测光进一步对这种材料的散射自由程进行表征,结果表明这种材料发射光的散射自由程小于发射光的波长。在这种强散射体系中,散射光会通过连续散射再次回到最初的散射体,形成闭环回路。闭环回路中发生的循环散射含有相干回馈,在增益介质条件下能够产生相干激射。进一步实验和深入理论分析的结果表明:光散射闭环回路谐振腔产生的随机激光具有相干性[65]。

相干随机激光的发现不仅将电子的 Anderson 局域化概念推广到光子领域[66],也使得人们对散射过程的研究进入了一个新的阶段。实验上,在很多的物质形态下发现了能够产生相干随机激光的现象[67-69],而对于相干随机激光产生的机理已有很多理论模型被提出了[70-73]。在上述实验和理论研究中,相干随机激光均产生于强散射体系,即散射自由程非常小(如小于散射光波长[65]),符合 Anderson 局域化的要求。

衡量随机激光体系中散射强度的散射自由程是连续两次散射之间的光传输途径的长度。按照散射自由程与样品某一维方向的尺寸(L)和散射光波矢($k = 2\pi/\lambda$, λ 是散射光波长)之间的关系,随机激光可以分成如下三类[74]:第一类是光子的

Anderson 局域化,这时的条件是 $kl_s \leqslant 1$;第二类为扩散型,这时 $\lambda < l_s < L$;第三类是亚散射自由程型,这时 $l_s > L$。一般而言,由于散射强度反比于散射自由程,可知第一类是强散射体系,第三类散射最弱,可以扩展到极弱散射体系。值得指出的是,这种分类仅具有半定量相对意义,绝对的强弱只能在极端条件下确定。例如,对于第一种情况下的光子 Anderson 局域化,可以认为是强散射体系。另外,如果考虑与散射自由程相对应的时间,则动力学效应会给光散射领域的研究带来打破上述分类的变化。在这一背景下,很多相干随机激光体系被发现,包括一系列不同散射强度的散射体系[67-69, 75-78]。

对于极弱散射体系,通常情况下只能观察到非相干随机激光[79]。在极弱散射体系产生相干随机激光,需要额外添加散射结构来增强光散射[80]。一种简单的方法就是将极弱散射溶液加入空芯光纤中。从上面光纤随机激光的介绍已经知道:光纤随机激光能够束缚随机激光的方向。这一束缚作用是由于纤芯中传输光在芯层和包层界面处发生全反射造成的。纤芯中的散射光同样会发生全反射,会增强散射强度。实验工作是采用 Pyrromethene 597 作为荧光染料、笼型聚倍半硅氧烷(Polyhedral Oligomeric Silsequioxanes,POSS)作为散射颗粒、二硫化碳(CS_2)作为溶剂构成的溶液来作为活性散射介质。当 POSS 浓度处于 24.5%-wt~1.0%-wt 时,相应的散射自由程达到几百厘米,是一个典型的极弱散射体系,它只能产生非相干随机激光[81]。将此溶液装入内径为 300 μm 的空心光纤,在纵向泵浦条件下得到了相干随机激光[81]。图 2.11 是光纤样品的示意图。从中可以看出:受激发射的光子不仅在散射粒子处发生散射,在纤芯和包层的界面处也会发生定向反射,对散射起到增强作用。

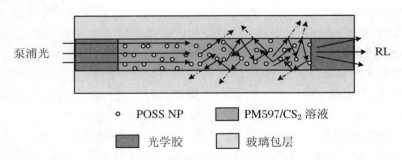

○ POSS NP	▨ PM597/CS_2 溶液
▨ 光学胶	▨ 玻璃包层

图 2.11　极弱散射溶液作为芯材,空芯光纤作为包层的相干随机激光光纤样品的示意图

光纤样品的包层折射率为 1.514,纤芯溶液的折射率为 1.627

研究工作首先测试了有源极弱散射体系在比色皿中的发射光谱。从图 2.12(a)所示(见附页彩图)的结果可以看出:在低泵浦能量条件下,只有中心位置处于586 nm 的宽峰出现,半峰宽为 40 nm 左右。在泵浦能量高于 1.12 mJ 条件下,一个中心位于 605 nm 左右的窄峰出现,半峰宽仅为 4 nm 左右。这个峰是有源极弱散射体系的非相关随机激光峰。对于有源极弱散射体系灌装的空芯光纤样品，不同泵浦能量条件下的受激发射表现出了完全不同的现象。如图 2.12(b)所示(见附页彩图)，当泵浦能量高于 0.41 mJ 时，能够清楚地观察到体系发射出多模激射。单个模式的半峰宽大幅下降，例如在 0.89 mJ 泵浦能量下，606 nm 处发射峰的半峰宽仅为 0.9 nm。这是典型的相干激射现象。由杨氏双缝实验测得的空间相干函数约为 0.1 的结果定量证明了激射具有一定的相干性。图 2.12(c)(见附页彩图)比较了两种样品的泵浦能量阈值。可以看出，光纤样品的阈值显著低于比色皿样品的阈值。

　　两个样品对应的无规有源散射体系具有同样的散射自由程，并远大于激射的谐振腔长：在 POSS 浓度分别为 1.0%-wt，11.3%-wt，18.5%-wt 和 24.5%-wt 的条件下，散射自由程分别为 305.1 cm，27.0 cm，16.5 cm 和 12.5 cm，而对激射光谱进行 Flourier 变换得到的临界谐振腔长分别为 35.2 μm，31.0 μm，18.8 μm 和 18.8 μm。很显然，散射自由程远大于腔长。同样为极弱散射体系，为什么光纤样品的激射会具有相干性，而比色皿样品不具有相干性？一个可能的原因就是光纤样品的散射自由程受到光纤波导的约束而变小。为了证明这一假设，研究中通过改变液芯溶液的折射率来改变光纤波导的束缚效应，结果表明，光纤包层和芯层界面处的全反射确实对所产生激射的相干性有显著影响。正是光纤的束缚效应增加了多重散射次数，最终导致有源极弱散射体系的相干随机激光产生。与观察到的光纤波导的情况不同，在平面波导条件下，散射颗粒散射与波导全反射造成的随机激光分别对横模和纵模有贡献，从泵浦功率与发射光强度的关系上能够看出存在两个阈值功率，分别对应两种模式随机激光的产生[82]。波导束缚效应与散射粒子的散射效应之间的耦合仍然需要进一步的研究。

　　上述实验工作只是从定性角度证明了光纤波导的束缚效应在产生相干随机激光过程中的贡献。实际上，能够影响散射和激射过程的因素还有很多，例如前面提到的时间效应。在有源溶液散射体系，散射粒子和染料粒子均处于运动状态。这种运动状态对随机激光的产生有没有影响？有研究报道，这种影响确实存在。相关结论源自于一个有趣的实验：在一杯罗丹明 B 染料溶液中装入一些金属小球，在金属球运动和不运动两种状态下分别进行光激发，观察发射出的荧光会有什么不同。结果发现，当金属球运动起来以后，受激发射具有相干随机激光的性质[83]。对于这一现象，作者认为产生相干随机激光的原因在于金属球的分布，而与金属球的运动速度无关。因为相对于激射的时间尺度(泵浦光源为 Nd：YAG 激光器，波长为 532 nm，脉冲宽度为 7 ns，重复频率为 10 Hz)，金属球是处于"冻结"的相对静止状态。然而，相对于金属球，POSS 纳米颗粒的尺寸小很多，相应的运动时间尺度也会小很多。要考虑 POSS 颗粒运动对随机激光的影响，需要将液相的有源极弱散射体系推广到固相的有源极弱散射体系。

　　聚合物光纤随机激光的工作就是在这一背景下提出来的[84]。聚合物光纤芯

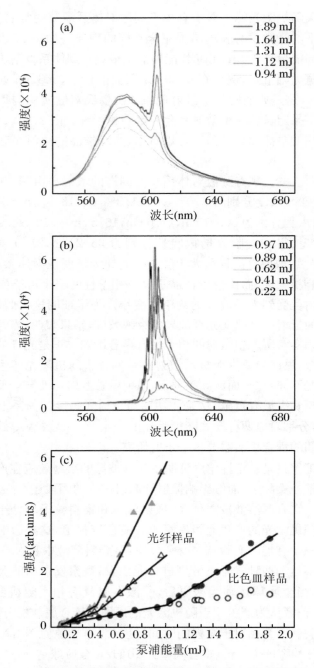

图 2.12　有源极弱散射溶液在不同条件下的发射光谱

（a）比色皿、（b）空心光纤，以及（c）空芯光纤样品在不同泵浦功率条件下的光纤。染料浓度：1.47 mmol · L⁻¹；POSS 浓度：11.3%-wt

采用溶有荧光染料 Pyrromethene 597 和乙烯基取代 POSS 散射颗粒的甲基丙烯
酸甲酯进行制备。相应的本体材料的设计、合成和随机激光性质已经有工作报
道[85]，光纤的制备方法则需要采用尼龙绳方法（Teflon Technique）。该方法的原
理很简单，就是在制作聚合物光纤包层时在聚合管中心线处系一尼龙绳，当聚合完
成后再将尼龙绳取出。这样就会在聚合管中生成的聚合物包层材料的中心线处产
生一空芯。然后再在空心部位灌入用于产生聚合物光纤芯的单体溶液，进行聚合
后，得到包层和芯层不同的聚合物光纤预制棒[86]。这一方法的优势是通过控制包
层尺度（用于聚合的玻璃管尺寸）和芯层尺度（尼龙绳的尺寸）可以制作不同模式的
聚合物光纤，比如单模聚合物光纤。按照液态相干随机激光产生的溶液配方，选择
一定染料和散射体浓度的甲基丙烯酸甲酯溶液作为光纤芯材料，制备得到有源光
散射聚合物光纤预制棒后，按照一般聚合物光纤的拉丝原理可以制得相应的聚合
物光纤[84]。

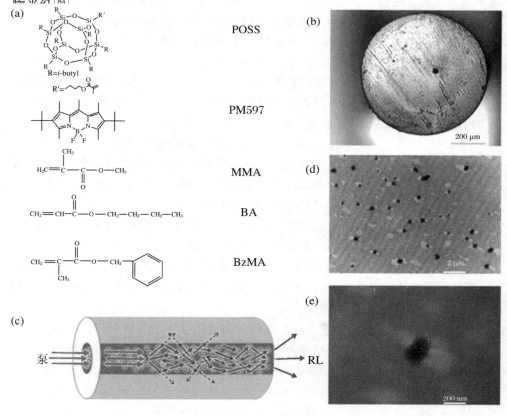

图 2.13　（a）Pyrromethene 597、乙烯基取代 POSS、甲基丙烯酸甲酯（MMA）、甲基丙烯酸丁酯
　　　　　（BA）和甲基丙烯酸苄酯（BzMA）的化学结构；（b）有源散射聚合物光纤断面的光学显
　　　　　微镜照片；（c）产生相干随机激光原理示意图；（d），（e）不同尺度的光纤材料凝聚态的
　　　　　电子显微镜照片

　　图 2.13 具体地给出了制作有源光散射聚合物光纤材料的化学结构、凝聚态结构表征和有源随机激光产生的示意图。从中可以看出,光纤产生相关随机激光的原理同液相一致,差别只是材料的凝聚态结构不同:液相条件下,散射粒子以分子水平分散在溶剂中,而固相材料中,散射粒子有聚集,而且保持静止状态。值得指出的是,POSS 结构(硅氧键)与聚合物结构(碳氢键)存在化学差别,使得聚合过程中发生了分相现象,造成 POSS 结构发生聚集,成为较大的散射粒子。图2.13中所示的例子显示,POSS 聚集体的尺寸约为 150 nm,且较为均匀地分布在聚合物光纤芯层材料中。

　　对于染料含量为 0.14%-wt 和 POSS 含量为 22.9%-wt 的光纤材料进行表征,可知其折射率为 1.4955,大于包层材料的折射率 1.4780,符合光纤波导要求。为了克服实验上的损耗,光纤样品(长度为 8 cm)的两端做了特殊抛光处理,以此减少端面反射。在较低泵浦能量(25 μJ)条件下,光纤样品的发射光谱是一个处于577.0 nm,半峰宽为 11.7 nm 的宽带自发辐射峰。当泵浦能量高于 51 μJ 时,光纤样品的受激发射为多模相干激射,发射峰明显窄化。例如,在 113 μJ 泵浦下,位于577.5 nm 处的发射峰的半峰宽仅为 0.8 nm。图 2.14(见附页彩图)给出了在不同泵浦功率条件下,光纤样品的受激发射变化。从中可以看出,样品的发射强度非线性地依赖于泵浦功率,这是典型的激光现象。另外,光纤样品随机激光的阈值功率为 54 μJ,比液相条件下随机激光的阈值能量小一个数量级[81]。

　　图 2.15 给出了不同脉冲泵浦下聚合物光纤样品的受激发射光谱。从中可以看出:光纤样品的各个随机激光发射位置并不随着脉冲激发的变化而发生变化,各个激射峰分别稳定在 570.6 nm,571.4 nm,574.7 nm,577.5 nm 和 580.7 nm 处,这说明由聚合物光纤样品得到的受激发射是频率稳定的。

　　总之,当随机激光系统从液相进入固相时,散射颗粒会由于分相而发生聚集,尺寸增加两个数量级,造成随机激光的泵浦能量下降。同时,由于散射粒子保持位置稳定,使得产生的随机激光频率稳定[85]。鉴于这一结论仅来源于两个极端情况,所以散射粒子的活动性(运动速度和空间分布)与随机激光性质之间的关系仍然是一个值得进一步研究的课题。

　　散射颗粒的性质也是非常有趣的问题。在液相中,POSS 散射颗粒应该是以单个 POSS 分子存在的;而在固相中,由于聚合过程中的相分离以及固体材料的电子显微镜照片的结果都表明,POSS 是以聚集体状态而存在的。这个聚集体中是否包裹有染料分子? 是否包裹染料分子对产生的随机激光又会有什么影响? 能够对以上问题进行探索源于实验室合成出了一个特殊结构的分子。

　　从上面内容可知,POSS 基团是一个能够满足随机激光要求的弱散射基团。新的有源散射分子则是通过化学反应的方法,在苝酰亚胺的两个 N 位上引入 POSS基团,合成得到了荧光散射杂化分子: N,N'-二[3-(异丁基笼型聚倍半硅氧烷)丙基]苝酰亚胺(DPP)。这样一种有源散射分子人为地拉近了两个散射体之间的距离（$d = 1.2$ nm，远小于 $\lambda = 584$ nm），满足了近场散射的条件，有可能增强散射能力。

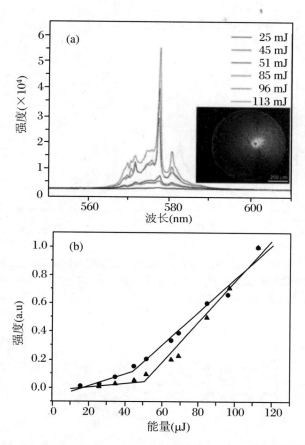

图 2.14　在不同泵浦能量条件下，有源散射聚合物光纤样品的随机激光
发射光谱（a）和随机激光强度与泵浦能量之间的关系（b）

光纤样品：染料含量为 0.14%-wt，POSS 含量为 22.9%-wt。泵浦光源：锁 Q-Nd：YAG：532 nm，脉冲宽度：10 ns，重复速率：10 Hz

具体的合成过程如下：按照图 2.16 所示的合成路线，依次称取 3.3021 g 1-丙氨基-2,3,4,5,6,7-七异丁基笼型聚倍半硅氧烷（POSS）（3.83 mmol），0.5012 g 精制的 3,4,9,10-苝四羧酸二酐（1.28 mmol）和 7.2 g 咪唑置于 100 mL 三口烧瓶中，加入 40 mL 的邻二氯苯，搭好回流装置后通入氮气 30 min 后，加热至 140 ℃，反应 24 h。停止加热，反应液冷却到室温后，把反应液倒入十倍体积甲醇中沉淀，抽滤，产物于 60 ℃真空干燥箱中干燥。

进行对比实验发现：在同样染料浓度、同样散射基团浓度的混合溶液体系中，有源散射体系无随机激光产生。体系散射平均自由程的计算结果表明：混合体系是弱散射体系，并不足以产生随机激光。当 POSS 基团通过化学键键接到苝酰亚

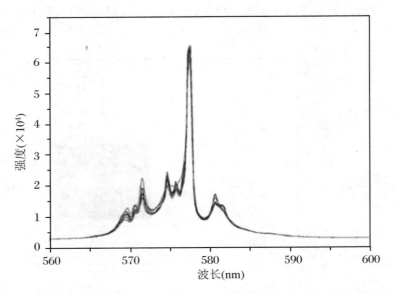

图 2.15　在六个不同脉冲泵浦条件下，有源散射聚合物样品的受激发射光谱

光纤样品：染料含量为 0.14%-wt 和 POSS 含量为 22.9%-wt。泵浦光源：锁 Q-Nd：YAG：532 nm，脉冲宽度：10 ns，重复速率：10 Hz；泵浦能量：113 μJ

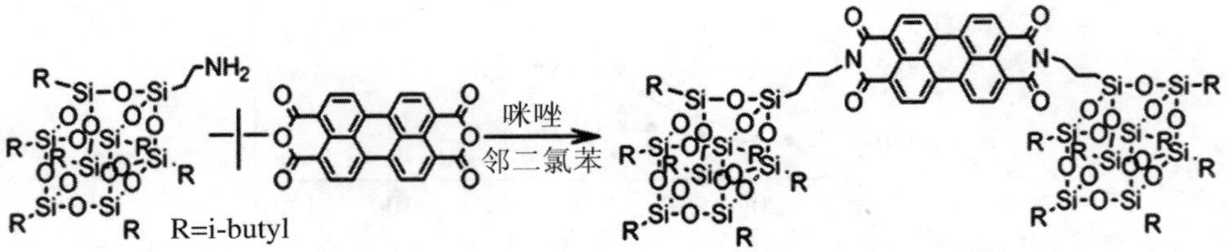

图 2.16　N，N'-二[3-(异丁基笼型聚倍半硅氧烷)丙基]苝酰亚胺的合成路线

胺上后，两个散射基团间距离就远小于发射光波长，从而满足了近场散射的产生，而处于散射基团中间的发光基团产生的发射光有利于在两个散射基团间形成近场散射。实验结果表明：在 DPP 浓度高于 3×10^{-5} mol·L^{-1} 时，在 584 nm 附近检测到了多个尖锐的发射峰，另外通过拟合发射峰强度与泵浦能量的关系，可以确定阈值的存在，从而可以认为在这些样品中泵浦出了相干随机激光，且具有较高品质（Q）和较低阈值，比如在染料浓度为 10^{-4} mol·L^{-1} 溶液体系中，其 Q 值为 2440，阈值为 17.4 μJ[87]。相应的近场散射理论模型仍在研究当中，其中折射率的影响也是一个很有趣的问题。初步研究结果表明：散射系统（溶液）的折射率会影响散射自由程和增益自由程，而两者的差值与是否能够产生相干随机激光有关。如图 2.17 所示，只有处于图 2.17(b) 所示阴影部分的两者差值，才能够得到相干随机激光[88]。

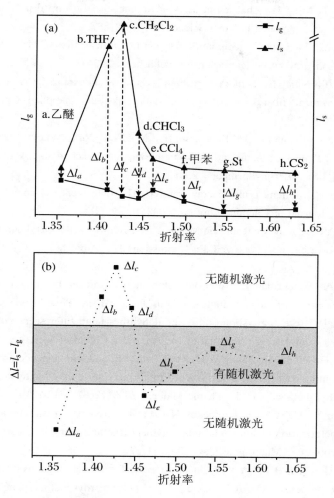

图 2.17　**DPP 溶液折射率与散射自由程(l_s)和增益自由程(l_g)之间的**
　　　　关系(a)和产生相干随机激光的自由程差($\Delta l = l_s - l_g$)之间
　　　　的关系(b)

参 考 文 献

［1］　Wolff N E, Pressley R J. Optical maser action in an Eu^{3+}-containing organic matrix[J].
　　　Applied Physicals Letters, 1963, 2(8):152.

［2］　Tagaya A, Koike Y, Kinoshita T, et al. Polymer optical fiber amplifier[J]. Appl.
　　　Phys. Lett., 1993, 63(7):883.

［3］ Zhang Q J, Ming H, Zhai Y, et al. A novel unclad Nd^{3+}-doped polymer optical fiber ［J］. Journal of Applied Polymer Science,1996, 62:887.

［4］ Park C W. Fabrication techniques for plastic optical fibers［M］//Polymer Optical Fibers. California:American Scientific Publishers, 2004.

［5］ Ishigure T, Nihei E, KoikeY. Optimum refractive-index profile of the graded-index polymer optical fiber, toward gigabit data links［J］. Applied Optics, 1996, 35: 2048-2053.

［6］ Desurvire E. Erbium doped fiber amplifier［M］. New York: Wiley, 1994.

［7］ Yersin H. Transition metal and rare earth compounds-excited states, transitions, interactions Ⅱ［M］. Berlin:Springer, 2001.

［8］ Weissman S I. Intramolecular energy transfer: The fluorescence of complexes of europium ［J］. The Journal of Chemical Physics, 1942,10(4): 214.

［9］ Yang C Y, Srdanov V, Robinson M R, et al. Orienting $Eu(dnm)_3$ Phen by tensile drawing in polyethylene: Polarized Eu^{3+} emission［J］. Adv. Mater., 2002, 14(13/14): 980-983.

［10］ Heller A, Wasserman E. Intermolecular energy transfer from excited organic compounds to rare-earth ions in dilute solutions［J］. J. Chem. Phys., 1965,42(3): 949-955.

［11］ Melby L R, Rose N J, Abramson E, et al. Synthesis and fluorescence of some trivalent lanthanide complexes［J］. Journal of the American Chemical Society, 1964,86:5117.

［12］ Wang L H, Wang W, Zhang W G, et al. Synthesis and luminescence properties of novel Eu-containing copolymers consisting of Eu(Ⅲ)-acrylate-ß-diketonate complex monomers and methyl methacrylate［J］. Chem. Mater., 2000,12(8):2212-2218.

［13］ Okamoto Y, Ueba Y, Dzhanibekov N F,et al. Rare earth metal containing polymers. 3. characterization of ion-containing polymer structures using rare earth metal fluorescence probes［J］. Macromolecules, 1981,14:17.

［14］ Guan J B, Chen B, Sun Y Y, et al. Effects of synergetic ligands on the thermal and radiative properties of $Eu(TTA)_3$ nL-doped poly(methyl methacrylate)［J］. Journal of Non-crystalline Solids, 2005,351:849-855.

［15］ Betzig E, Trautman J K. Near-field optics: Microscopy, spectroscopy, and surface modification beyond the diffraction limit［J］. Science, 1992,257(5067):189-195.

［16］ Hell S W, Wichmann J. Breaking the diffraction resolution limit by stimulated emission: Stimulated-emission-depletion fluorescence microscopy［J］. Optics Letters, 1994, 19 (11):780-782.

［17］ Leung B O, Chou K C. Review of super-resolution fluorescence microscopy for biology ［J］. Applied Specroscopy, 2011,65(9):967-980.

［18］ Heilemann M. Fluorescence microscopy beyond the diffraction limit［J］. Journal of Biotechnology, 2010,149(4): 243-251.

［19］ http://tech.sina.com.cn/d/2014-10-08/18569673090.shtml.

［20］ Dunn R C. Near-field scanning optical microscopy［J］. Chem. Rev., 1999, 99: 2891-2927.

[21]　Sun X H，Ming H，Xie A F，et al. Fractal clusters in Eu doped polymer fiber studied by near-field scanning optical microscopy[J]. Optics Communications，2002,208：97-101.

[22]　Sun X H，Ming H，Dong N，et al. Using spectra analysis and scanning near-field optical microscopy to study Eu doped polymer fiber[J]. Optics Communications，2002,208：111-115.

[23]　Liang H，Sun X H，Zhang Q J，et al. Nano-scale study of microstructure of Eu(DBM)$_3$ Phen-doped poly(methyl methacrylate) by near-field scanning microscopy and optical properties[J]. J. Mater. Res.，2004,19：2256-2261.

[24]　Du C X，Xu Y，Ma L，et al. Synthesis and fluorescent properties of europium-polymer complexes containing naphthoate ligand[J]. Journal of Alloys and Compounds，1998，265：81-86.

[25]　http://en. wikipedia. org/wiki/Selection_rule.

[26]　Zhao H，Hu J，Zhang Q J，et al. Local microstructure characterization of rare earth-doped PMMA with low-ion content by fluorescence EXAFS[J]. Journal of Applied Polymer Science，2006,100：1294-1298.

[27]　Reisfeld R，Zigansky E，Gaft M. Europium probe for estimation of site symmetry in glass films，glasses and crystals[J]. Molecular Physics，2004,102：1319-1330.

[28]　Krupkk W F. Optical absorption and fluorescence intensities in several rare-earth-doped Y_2O_3 and LaF_3 single crystals[J]. Physical Review，1966,145：325-337.

[29]　Moorthy L R，Rao T S，Janardhnam K，et al. Absorption and emission characteristics of Er^{3+} ions in alkali chloroborophosphate glasses[J]. Spectrochimica Acta Part A，2000，56：1759-1771.

[30]　Koeppen C，Yamada S，Jiang G，et al. Rare-earth organic complexes for amplification in polymer optical fibers and waveguides[J]. J. Opt. Soc. Am. B，1997,14：155-162.

[31]　Kuriki K，Koike Y. Plastic Optical fiber lasers and amplifiers containning lanthanide complexes[J]. Chem. Rev.，2002,102：2347-2356.

[32]　Judd B R. Optical absorption intensities of rare-earth ions[J]. Physical Review，1962，127：750-761.

[33]　Ofelt G S. Intensities of crystal spectra of rare-earth ions[J]. The Journal of Chemical Physics，1962,37(3)：511-520.

[34]　Wybourne B G. Spectroscopic properties of rare earths[M]. New York：Interscience，1965.

[35]　Wong E Y. Taylor series expansion of the intermediate coupling energy levels of Nd^{3+} and Er^{3+} [J]. The Journal of Chemical Physics，1961,35(2)：544-546.

[36]　张思远，毕宪章. 稀土光谱理论[M]. 长春：吉林科学技术出版社，1991.

[37]　Dieke G H. Spectra and energy levels of rare earth ions in crystals[M]. New York：Interscience Publishers，1968.

[38]　http://www. dictall. com/indu/300/2998004B035. htm.

[39]　Carnall W T，Fields P R，Rajnak K. Electronic energy levels in the trivalent lanthanide aquo ions. Ⅰ. Pr^{3+}，Nd^{3+}，Pm^{3+}，Sm^{3+}，Dy^{3+}，Ho^{3+}，Er^{3+}，and Tm^{3+} [J]. The

Journal of Chemical Physics，1968，49(10)：4424-4442.

[40] Carnall W T，Fields P R，Rajnak K. Electronic energy levels in the trivalent lanthanide aquo ions. Ⅲ. Pr^{3+}，Nd^{3+}，Pm^{3+}，Sm^{3+}，Dy^{3+}，Ho^{3+}，Er^{3+}，and Tm^{3+} [J]. The Journal of Chemical Physics，1968，49(10)：4412-4423.

[41] Yatsimirskii K B，Davidenko N K. Absorption spectra and structure of lanthanide coordination compounds in solution[J]. Coord. Chem. Rev.，1979，27 (3)：223-273.

[42] Mehta P C，Tandon S P. Spectral intensities of some Nd^{3+} β-diketonates[J]. The Journal of Chemical Physics，1970，53(1)：414-417.

[43] Kumar G A，Martinez A，Elder De La Rose. Stimulated emission and radiative properties of Nd^{3+} ions in barium fluorophosphates glass containing sulphate[J]. Journal of Luminescence，2002，99：141-148.

[44] Zhang Q J，Wang P，Sun X F，et al. Amplified spontaneous emission of an Nd^{3+}-doped poly(methyl methacrylate) optical fiber at ambient temperature[J]. Appl. Phys. Lett.，1998，72(4)：407-409.

[45] Chen B，Xu J，Dong N，et al. Spectra analysis of Nd^{3+} $(DBM)_3 (TPPO)_2$ in MMA solution and PMMA matrix[J]. Spectrochimica Acta Part A，2004，60：3113-3118.

[46] Wang X，Sun K，Wang L J，et al. Effect on the fluorescence branching ratio of different synergistic ligands in neodymium complex doped PMMA[J]. Journal of Non-Crystalline Solids，2012，358：1506-1510.

[47] Liang H，Chen B，Guo F Q，et al. Luminescent polymer containing Eu chelates with different neutral ligands[J]. Phys. Stat. Sol. (b)，2005，242：1087-1092.

[48] Luo Y H，Chen B，Wu W X，et al. Judd-Ofelt treatment on luminescence of europium complexes with β-diketone and bis(β-diketone)[J]. Journal of Luminescence，2009，129：1309-1313.

[49] Chen B，Dong N，Xu J，et al. Characterization of spectroscopic of $Pr(DBM)_3 (TPPO)_2$ containing poly (methyl methacrylate) [J]. Spectrochimica Acta Part A，2006，63：289-294.

[50] Liang H，Chen B，Zheng Z Q. Radiative properties of $Er(DBM)_3 (TPPO)_2$ doped solid poly(methyl methacrylate) matrix[J]. Phys. Stat. Sol. (b)，2004，241：3056-3061.

[51] Liang H，Xie F，Chen B，et al. Optical investigation of Samarium(Ⅲ) complex doped polymer film[J]. Journal of Optoelectronics and advanced materials，2009，11 (6)：875-879.

[52] Krumholz P. Spectroscopic studies on rare-earth compounds. Ⅱ [J]. Spectrochimica Acta，1958，10(3)：274-280.

[53] 干福熹，姜中宏，蔡英时.无机玻璃种稀土氧化物的光学及光谱性质.Ⅱ[J].科学通报，1963，14(12)：41-44.

[54] Tagaya A，Koike Y，Nihei E，et al. Basic performance of an organic dye-doped polymer optical fiber amplifier[J]. Applied Optics，1995，34(6)：988-992.

[55] Kaino T. Preparation of plastic optical fibers[J]. Review of the electrical communications laboratories，1984，32(3)：478-488.

[56]　Wu W X, Wang T X, Wang X, et al. Hybrid solar concentrator with zero self-absorption loss[J]. Solar Energy, 2010, 84: 2140-2145.

[57]　Guo Y, Zheng X, Ming H, et al. Optical property of fractal clusters in Nd^{3+} doped polymer optical fiber[J]. Journal of Materials Science Letters, 2001, 20: 521-523.

[58]　Zhang Q J, Wang P, Sun X F, et al. Aplified spontaneous emission of an Nd^{3+}-doped poly(methyl methacrylate) optical fiber at ambient temperature[J]. Applied Physical Letters, 1998, 72(4): 407-409.

[59]　Tucker A W, Birnbaum M, Fincher C L, et al. Stimulated-emission cross section at 1064 and 1342 nm in $Nd: YVO_4$[J]. Journal of Applied Physics, 1977, 48(12): 4907-4911.

[60]　Liang H, Zhang Q J, Zheng Z Q, et al. Optical amplification of $Eu(DBM)_3$ Phen-doped polymer optical fiber[J]. Optics Letters, 2004, 29(5): 477-479.

[61]　Letokhov V S. Stimulated emission of an ensemble of scattering particles with negative absorption[J]. JETP Lett., 1967, 5(8): 212.

[62]　Churkin D V, Sugavanam S, Vatnik I D, et al. Recent advances in fundamentals and applications of radom fiber lasers[J]. Advances in Optics and Photonics, 2015, 7: 516-569.

[63]　Chrisiano J S de Matos, Leonardo de S Menezes, Antonio M Brito-Silva, et al. Random fiber laser[J]. Physical Review Letters, 2007, 99: 153903.

[64]　Cao H, Zhao Y G, Ong H C, et al. Ultraviolet lasing in resonators formed by scattering in semiconductor polycrystalline films[J]. Applied Physics Letters, 1998, 73(25): 3656-3658.

[65]　Cao H, Zhao Y G, Ho S T, et al. Random laser action in semicinductor powder[J]. Physical Review Letters, 1999, 82(11): 2278-2281.

[66]　Wiersma D S, Bartolini P, Ad Lagendijk, et al. Localization of light in a disordered medium[J]. Nature, 1997, 390(6661): 671-673.

[67]　Frolov S V, Vardeny Z V, Yoshino K, et al. Stimulated emission in high-gain organic media[J]. Physical Review B, 1999, 59(8): R5284-5287.

[68]　Polson R C, Chipouline A, VardenyZ V. Random lasing in π-conjugated films and infiltrated opals[J]. Advanced Materials, 2001, 13(10): 760-764.

[69]　Sun T M, Wang C S, Liao C S, et al. Stretchable random lasers with tunable coherent loops[J]. ACS Nano, 2015, 9(12): 12436-12441.

[70]　Jiang X Y, Soukoulis C M. Time dependent theory for random lasers[J]. Physical Review Letters, 2000, 85(1): 70-73.

[71]　Hackenbroich G, Viviescas C, Elattari B, et al. Photocount statistics of chaotic lasers[J]. Physical Review Letters, 2001, 86(23): 5262-5265.

[72]　Burin A L, Ratner M A, Cao H, et al. Model for a random laser[J]. Physical Review Letters, 2001, 87(21): 215503.

[73]　Hackenbroich G, Viviescas C, Haake F. Field quantization for chaotic resonators with overlapping modes[J]. Physical Review Letters, 2002, 89(8): 083902.

[74]　Wiersma D S, Ad Lagendijk. Light diffusion with gain and random lasers[J]. Physical

Review E, 1996,54(4): 4256-4265.

[75] Mujumdar S, Ricci M , Torre R, et al. Amplified extended modes in random lasers[J]. Physical Review Letters,2004 ,93(5):053903.

[76] Meng X G, Fujita K, Murai S , et al. Coherent random lasers in weakly scattering polymer films containing silver nanparticles[J]. Physical Review A, 2009,79:053817.

[77] Cerdan L, Costela A, Garcia-Moreno I, et al. Laser emission from mirrorless waveguides based on photosensitized polymers incorporating POSS[J]. Optics Express, 2010,18(10):10247-10256.

[78] Yannopapas V, Psarobas L E. Lasing action in multilayers of alternating monolayers of metallic nanoparticles and dielectric slabs with gain[J]. Journal of Optics, 2012, 14 (3): 035101.

[79] Lawandy N M, Balachandran R M, Gomes A S L,et al. Laser action in strongly scattering media[J]. Nature, 1994,368:436-438 .

[80] Costela A,Garcia-Moreno I,Cerdan L, et al. Dye-doped POSS solutions: Random nanomaterials for laser emission[J]. Advanced Materials, 2009,21: 4163-4166.

[81] Hu Z J, Zhang Q , Miao B,et al. Coherent random fiber laser based on nanoparticles scattering in the extremely weakly scattering regime[J]. Physical Review Letters, 2012, 109:253901.

[82] Yi J Y,Yu Y, Shang J L, et al. Waveguide random laser based on a disordered ZnSe-nanosheets arrangement[J]. Optics Express, 2016,24(5):5102-5109.

[83] Folli V, Puglisi A , Leuzzi L, et al. Shaken granular lasers[J]. Physical Review Letters, 2012,108:248002.

[84] Hu Z J,Miao B,Wang T X , et al. Disordered microstructure polymer optical fiber for stabilized cohenrent random fiber laser[J]. Optics Letters, 2013,38(22):4644-4647.

[85] Sastre R,Matin V,Carrido L, et al. Dye-doped Polyhedral Oligomeric Silsesquioxane (POSS)-modified polymeric matrices for highly efficient and photostable solid-state lasers[J].Adv. Funct. Mater. ,2009 ,19(20):3307-3316.

[86] Peng G D,Chu P L, Xiong Z, et al. Dye-doped step-index polymer optical fiber for broadband optical amplification[J]. Journal of Lightwave Technology, 1996,14(10): 2215-2223.

[87] Yin L C,Liang Y Y, Yu B, et al. Coherent random lasing from nano-scale aggregates of hybrid molecules by enhanced near zone scattering [J]. RSC Adv. , 2016, 6: 85538-85544.

[88] Yin L C, Liang Y Y, Yu B, et al. Quangtitative analysis of "$\Delta l = l_s - l_g$" to cohenrent random lasing in solution systems with a series of solvents ordered by refractive index [J]. RSC Adv. , 2016,6: 98066-98070.

第 3 章　无源聚合物光纤材料及其性质

无源聚合物光纤(Passive Polymer Optical Fiber)不仅仅单指用于光传输的聚合物光纤,还包括在聚合物光纤中构筑各种能够驾驭光的结构之后所形成的性质各异的不同聚合物光纤。如前所述,聚合物光纤具有芯径大造成的多模传输性质,极大地限制了光信息传输的带宽。为了获得单模光纤的高带宽,将聚合物光纤制成单模光纤成为一个极为活跃的领域。例如小芯径的单模聚合物光纤[1]、大芯径的梯度折射率聚合物光纤[2],以及具有特殊光纤截面微结构的瓣状聚合物光纤[3]等。另一方面,为了有效控制光纤光路中的光传输,各种调控光传输的结构也在聚合物光纤中得到构筑,并制作出了各种光纤器件。比如具有光子晶体结构[4]和光栅结构[5]的聚合物光纤。由此可见,无源聚合物光纤是一个广泛的研究领域,本章仅限于介绍作者自己的相关工作,更丰富的内容可参考所列的相关文献。

3.1　梯度折射率聚合物光纤

聚合物光纤具有大芯径,能够方便光纤连接。这一特点是由聚合物具有比玻璃材料较低的玻璃化转变温度所决定的。然而,在方便连接的同时,大芯径也决定了聚合物光纤的传输模式较多(详见 1.4 节),造成传输过程中与模式色散相关的传输损耗很大。

一般而言,光纤的色散性质包括三个部分:模式色散、材料色散和波导色散。对于通常的阶跃型聚合物光纤来说,模式色散远大于其他两种色散,以至于相对而言不可以忽略不计。因此,如何克服聚合物光纤的模式色散是降低光纤色散损耗、提高光纤传输带宽的挑战性课题。梯度折射率聚合物光纤就是针对这一挑战提出的一种解决方案[6]。所谓梯度折射率聚合物光纤是指这样一种聚合物光纤:在光纤横截面的径向方向,折射率是逐渐变化的,从中心部位的高折射率,逐渐降低到光纤纤芯与包层界面处的最低折射率。而通常的多模聚合物光纤界面上的折射率是均匀的,只是在纤芯和包层界面处有一个突然降低,故又称之为阶跃型聚合物光纤,从名称上与梯度型聚合物光纤相区别。

制备梯度型聚合物光纤的挑战在于如何形成上述梯度折射率分布。已经报道的方法包括连续法和非连续法(预制棒法)两类,两类方法中又包含许多不同的技术路线[7]。深入到具体技术过程的分析中可以看出,制备梯度折射率材料的原理是不同折射率分子之间相互扩散造成的。基于这一原理建立起来的各种梯度聚合物光纤的制备技术中,日本庆应大学提出的使用界面凝胶聚合制备光纤预制棒,再进一步拉制梯度聚合物光纤的方法,将聚合过程与扩散过程相结合,成为利用聚合反应的特性制备梯度材料的典型实例[2]。

在本体聚合过程中,单体转化为聚合物的化学反应过程也是液体(单体)到固体(聚合物)的固化过程。在这个过程中,体系黏度在变,自由体积也在变。前者与聚合反应直接相关,而后者与小分子在聚合物中的扩散过程相关。在这样一个复杂的过程中,精确控制各种因素以获得光纤截面的梯度折射率分布是这一技术所面临的挑战,也是造成至今尚没有基于这一技术的工业产品问世的原因。与此同时,研究固化过程中梯度折射率形成的过程,明确各种成分和反应条件所影响的相关工作也伴随着聚合物光纤的应用在不断向前推进,为建立梯度折射率聚合物光纤的制造工艺提供参考数据。

由光纤波导理论可知,梯度折射率光纤能够使光纤中不同模式传输速率均等化,使得光纤传输带宽增加[8]。在梯度折射率光纤横截面上的折射率径向分布可以由下式表达:

$$n(r) = n_0\left[1 - 2\left(\frac{r}{R}\right)^g\delta\right]^{1/2} \tag{3.1}$$

其中,n_0和$n(r)$分别是位于截面中心处和距离中心径向距离为r处的折射率;g称为指数因子;R是光纤的半径。理论分析表明:当指数因子趋近于2时,光纤带宽趋向最大[9]。这一理论预期的折射率分布需要在梯度折射率光纤的预制棒制备过程(界面凝胶聚合过程)中完成。

界面凝胶聚合的原理是链式聚合反应(详见1.7.1.2节)中的凝胶效应:在本体链式聚合反应中,随着聚合反应的进行,体系的黏度会很快增加,造成长链自由基之间的终止反应受到抑制,而长链自由基与小分子单体之间的增长反应则不受影响。增长基元反应速率不变,终止基元反应速率变小的结果使得总体聚合反应速率剧烈增加。梯度折射率聚合物光纤预制棒的制备通常在有机玻璃(包层材料)管中进行,即将构成纤芯的单体加入管中进行本体聚合。在这样一种特定的聚合条件下,在管内壁处会由于单体对聚合物的溶胀而形成凝胶,凝胶中的聚合物含量会在管断面的径向方向形成浓度梯度。依据凝胶效应,这一浓度梯度直接造成聚合速率的梯度。随着聚合反应的进行,掺杂在单体液中的折射率调节剂会依据这一梯度进行分布,形成径向方向的折射率梯度。这一过程可以从图3.1所给的模型图中看出[2,10]。

从上述描述中可以看出,使用界面凝胶聚合方法制备梯度折射率分布的预制棒在原理上很容易理解,制备是否成功取决于技术上的控制。这一方面的工作多

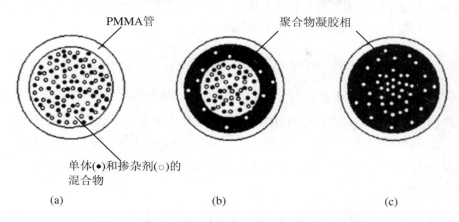

图 3.1　在有机玻璃管内进行的界面凝胶聚合示意图

所示图形分别为聚合初期(a)、聚合中期(b)和聚合终止(c)的玻璃管截面中单体转换为
聚合物的过程和掺杂的折射率调节剂的分布情况

取决于人为经验,非常需要技术上的细致研究和建立理论模型给以指导[11-14]。另一方面,从实验结果的理论模拟中探索控制界面凝胶聚合的因素也可以用于建立技术方案。采用自由体积理论对梯度折射率形成的分布进行模拟就是这样一种探索。

自由体积理论是一种用于描述聚合物链已经相互接触的凝聚态模型,而由聚合物和单体组成的高黏度体系(包括高转化率条件下的本体聚合反应体系)适合自由体积理论模型。自由体积模型中的扩散行为已经得到很好的理论研究[15-17]。模型中的扩散过程主要取决于两个可能性:一是扩散分子能够获得足够能量克服外部吸附力;二是局部密度涨落能够产生足够大空间以便扩散分子运动。第二种可能性中所述的“空间”就是与体系中自由体积密切相关的物理量[18]。另一方面,在本体聚合体系中,聚合反应的转化率越高,聚合物密度越高,而密度涨落和满足扩散的空间就越小,完全固化后,自由体积最小,扩散终止。由此很容易想到,对于具有聚合反应速率梯度的封闭体系,小分子在其中的扩散行为也随着梯度变化而具有梯度分布。这样一种定性的描述已经有研究从理论和实验上完成了定量证明[10,19]。

在采用界面凝胶聚合完成聚合物光纤预制棒制备的过程中,已知聚合物含量会在管断面的径向方向形成浓度梯度。假设断面的径向聚合物浓度存在如下重量分布:

$$\omega = a\exp(r) + b \tag{3.2}$$

其中,ω 是聚合物重量分数;r 是径向半径;a 和 b 是分布常数。其可与自由体积理论确定的扩散系数联用,通过下式计算扩散分子的浓度:

$$C_1 = \frac{D_1}{D_1 + D_2}(1 - \omega) \tag{3.3}$$

其中，D_1 和 D_2 分别为界面凝胶聚合体系中的惰性扩散剂和单体的扩散系数。

两种扩散系数可以由下面自由体积理论模型求得：

$$\ln D_1 = \ln D_0 - \frac{E}{RT} - \left[\frac{(1 - \omega) \hat{V}_1^* + \omega \xi \hat{V}_2^*}{\hat{V}_{FH}/\gamma} \right] \quad (3.4)$$

其中，下标 1 和 2 分别表示扩散分子和聚合物，D_0 是指前因子，E 是扩散活化能，$\hat{V}_i^*$ 是相应扩散分子运动所需的自由体积；ω 是聚合物重量分数；T 是温度；T_{gi} 是响应组分的玻璃化转变温度；ξ 是小分子运动单元的临界摩尔体积与聚合物运动单元的临界摩尔体积之比，称为尺寸参数；$\hat{V}_{FH}/\gamma$ 是体系的自由体积，由下式表示：

$$\frac{\hat{V}_{FH}}{\gamma} = (1 - \omega) \left(\frac{K_{11}}{\gamma} \right) (K_{21} + T - T_{g1}) + \omega \left(\frac{K_{12}}{\gamma} \right) [K_{22} + \alpha (T - T_{g2})]$$

$$(3.5)$$

其中，K_{11}/γ，K_{21}，K_{12}/γ 和 K_{22} 均是自由体积参数。γ 是重叠因子，其大小用于衡量进入同一自由体积空间的运动单元数，常由实验确定[17]；参数 α 是玻璃化转变温度上下的聚合物热膨胀系数比值，在此用于将玻璃化转变温度下的自由体积热效应调整为零[18]。

在上述理论基础上，引入已经确立的相关数据，就可以根据聚合物浓度与折射率的关系：

$$n = \sqrt{\frac{2[(R_1 - R_2)C_1 + R_2] + V}{V - [(R_1 - R_2)C_1 + R_2]}}$$

其中，n 是特定聚合物浓度处的折射率；V 是摩尔体积；R_1 和 R_2 分别是掺杂剂和聚合物单体单元的摩尔分数。所得结果表明：自由体积扩散模型能够给出与理论期望（方程(3.1)）一致的折射率分布，而相对于实验数据，这种扩散模型所得数据在绝对值上面与实验数据还存在差别[10]。

为了进一步将理论模型统一到实验结果上，仔细分析了上述体系中的各种影响因素后，认识到上述的自由体积理论模型仅涉及二元体系，即仅考虑了掺杂分子和聚合物两种成分的扩散过程。实际上，在体系中还存在第三种扩散成分，即尚未反应的单体。真实的梯度折射率聚合物预制棒的制备体系是一个由掺杂剂、单体和聚合物构成的三元扩散体系。在这样认识的基础上，通过对三元扩散体系的理论处理，建立的扩散模型能够得到与实验数据相符合的理论预计结果[19]。

3.2　瓣状聚合物光纤

如前所述，采用瓣状聚合物光纤也是解决大芯径聚合物光纤带来的模式色散的方法之一。所谓瓣状光纤,是指光纤断面上具有花瓣形状的折射率分布图案。
图 3.2(a)为典型的瓣状聚合物光纤的截面示意图。

从上一节已知:梯度折射率聚合物光纤是将不同模式传输转变为相同模式传输,从而减少模式色散损耗。瓣状聚合物光纤减少模式色散的原理则是通过滤模的方法,将高阶模转变为包层模,实现仅有单模(或少量模)的传输,从而减少模式色散损耗[21]。图 3.2(b)的计算结果表明:通过适当选择瓣状结构参数,聚合物光纤中只有 LP_{01} 模式传输,实现了单模传输。从图 3.2(b)中还可以看出:在纤芯折射率和包层折射率之间,瓣状结构造成的等效折射率分布同梯度折射率聚合物光纤的折射率分布正好相反,只能采用不同理论模型分析来解释瓣状聚合物光纤的单模传输原理。两种光纤的传输性质可以从输出光的强度进行判断:梯度折射率光纤没有光泄露,光强保持;而瓣状聚合物光纤仅有基模光输出,光强较弱。然而,瓣状光纤都还停留在实验室阶段,缺少稳定的实验材料,这一等效结果的实验证明尚未完成。

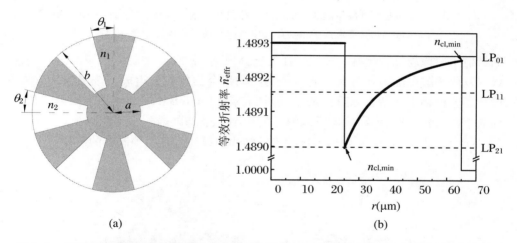

(a)　　　　　　　　　　　　　　　　(b)

图 3.2　典型瓣状聚合物光纤截面折射率分布示意图(a)。其中色度变化表示折射率不同,分别为 n_1 和 n_2。(b)当纤芯半径为 25 mm,包层半径为 65 mm,包层高、低折射率瓣角度 $2\theta_1$ 和 $2\theta_2$ 分别为 22.5° 和 67.5°,高、低折射率分别为 $n_1 = 1.4893$ 和 $n_2 = 1.4813$ 时,光纤截面等效折射率的径向分布图

从材料角度来说,要完成瓣状聚合物光纤的制造,不仅需要折射率的精准控制,同时也需要构成不同瓣的聚合物具有尽可能相近的玻璃化转变温度,使得在由预制棒制备光纤的加工过程中能够尽可能保持两种材料构成的特殊结构不变。要获得这两方面的精准控制,需要大量的共聚物的筛选。制作共聚物的折射率和玻璃化转变温度的二维相关图是这一方面的尝试。图 3.3 给出了一系列共聚物的相关图[22]。

通常情况下,纤芯和包层的折射率差要处于 10^{-4} 到 10^{-3} 之间,而两种聚合物

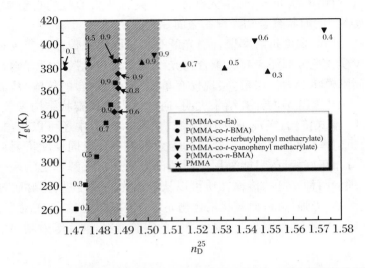

图 3.3　由甲基丙烯酸甲酯和其他丙烯酸酯类构成的系列无规共聚物的折射率
和玻璃化转变温度关系图。图中数据是共聚物中两种单体的重量比

的折射率应该越接近越好。按照这样的选择原则，图 3.3 中阴影区域给出了符合
以甲基丙烯酸甲酯为纤芯材料的另一类不同聚合物的共聚组成。按照这一方法，
设计了一种稀土掺杂有源瓣状光纤，其中纤芯是 Eu(DBM)$_3$Phen 掺杂的聚甲基
丙烯酸甲酯，另一种共聚物选择甲基丙烯酸甲酯与甲基丙烯酸正丁酯的无规共聚物
($w/w = 61/39$)。图 3.4 给出了这种光纤结构的设计和相关预制棒的照片[22]。

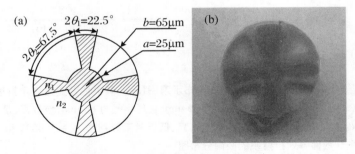

图 3.4　具有 4 瓣截面的瓣状聚合物光纤的设计(a)和按照这一设计制备
的 Eu(DBM)$_3$Phen 掺杂瓣状聚合物光纤预制棒截面的照片(b)

　　与上述采用预制棒制备瓣状聚合物光纤方法不同，直接纺丝方法也可以用来
制备瓣状光纤。具体方法包括纺丝设备的设计和双组分聚合物的选择。图 3.5 是
采用特殊设计的纺丝设备而制备得到的 4 瓣聚合物光纤的截面照片。从照片可以
看出，得到的光纤截面结构具有瓣状结构[3]（见附页彩图）。这一工作给连续生产
瓣状聚合物光纤提供了一种可能性。

图 3.5　直接纺丝方法得到的瓣状聚合物光纤的截面

3.3　聚合物光纤光栅

对光栅的认识源于周期性结构与光的相互作用。这里周期性结构是指介电性质的周期分布,而介电性质取决于材料实体的各种变化,例如形貌变化,电子云密度变化,折射率变化,等等。这些变化在材料中形成的周期结构与光相互作用是一个十分活跃的光子晶体研究领域,相关介绍可以参见专门的论著(详见 1.5 节)。光纤光栅是光纤条件下周期性结构的一种特殊形式。就周期性介电常数分布这一结构特征而言,光纤光栅可分为 Bragg 光纤光栅[23]、长周期光纤光栅[24]和光子晶体光纤光栅[25]等。

聚合物光敏性及其用于刻写光栅的可能性研究始于 20 世纪 70 年代[26]。研究工作中,贝尔实验室的研究人员使用 325 nm 的紫外光在聚甲基丙烯酸甲酯中刻写了 5000 线/mm 的光栅结构,并将聚合物中被刻写部分的折射率增加的原因归结为:紫外光辐照断裂了聚合物链而产生自由基,这些自由基又进一步造成聚合物的交联。交联点的电子云密度升高导致折射率升高。虽然文中指出这一推断是一种权宜解释,实验上确实观察到了光栅的形成。使用这一技术制备聚合物光纤时,却出现了一个两难的问题:聚合物光纤由包层和芯层构成,刻写光要穿过包层才能达到芯层,将光栅刻写在光纤芯上。这种情况下,如何能保证光照时,包层不受光照的分解作用? 这一问题在制作多模光纤光栅时并不突出,可以通过聚焦到光纤芯来减小光照对包层材料的影响[27]。但是制作单模聚合物光纤光栅时,这个问题就无法回避,而且,只有单模光纤才能够方便光信息处理。这使得这个问题成为制作聚合物光纤光栅的一个挑战。控制纤芯材料和包层材料的光敏性,使它们对于同一波长光照具有不同的光敏性是解决这一问题的材料学方法。第一根单模聚合物光纤光栅就是依据这一原理制作成功的[28]。在制作纤芯过程中有意减少聚合反应的引发剂用量,造成少量未聚合的单体成为刻写光栅过程中的光敏剂。然而,这种方法无法避免由于单体扩散等原因造成的光敏性下降。即使采用光响应染料掺杂聚合物作为光纤芯材料[29],原理上也无法解决这一问题。因为从长时间的稳定性要求来看,共混的光敏染料也存在扩散问题,尤其是在光栅由不同构型的光敏分子所形成的情况下,相互扩散会更为显著。要解决这一问题,必须从材料的本征结构入手,合成具有特定光敏性的纤芯材料。

从材料的本征结构入手,就是从聚合物的化学结构入手,选用对刻写光有响应的聚合物做纤芯,没有响应的聚合物做包层,这样在刻写光栅时,特别是包层尺寸较大的单模光纤光栅,才能保证光栅完全刻写在光纤芯上。在已报道的工作中,采用甲基丙烯酸甲酯与甲基乙烯基酮的共聚物需作为纤芯材料,聚甲基丙烯酸甲酯作为包层材料,它们的吸收光谱不同(图3.6),而且共聚物需满足刻写稳定光栅的如下基本要求:

(1) 纤芯材料的折射率必须高于包层材料的折射率;

(2) 纤芯材料对紫外刻写光有较强的响应性,而包层材料的响应性可以忽略不计;

(3) 材料在使用条件下是稳定的;

(4) 光响应单元是通过化学键连接在聚合物主链上,以保证光刻写获得的光栅与聚合物的稳定性一致。

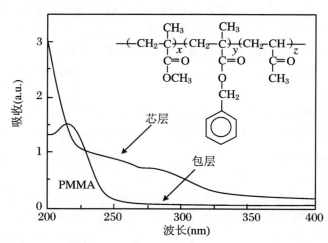

图 3.6　甲基丙烯酸甲酯、甲基乙烯基酮和甲基丙烯酸苄基酯的三元共聚物和聚甲基丙烯酸甲酯均聚物的吸收光谱比较

其中三元共聚物中,甲基乙烯基酮是光响应基团,甲基丙烯酸苄基酯是折射率调节剂[30]

图 3.7 给出了不同聚合物的光致折射率变化与辐照时间之间的关系。从中可以看出,聚甲基乙烯基酮是一个典型光致折射率增加的聚合物。将相应的单体与其共聚所获得的纤芯材料,比不含有甲基乙烯基酮单元的共聚物具有较大的光致折射率增加。依据这一实验结果,使用基本没有光响应的二元共聚物作为包层材料,制作得到了外径为 176 μm,纤芯直径为 10 μm,纤芯和包层折射率差为 0.007,数值孔径为 0.1507 的聚合物光纤。采用源自高压汞灯的紫外光源在光纤上刻写长周期光栅,光纤的透射谱显示出这一光栅具有滤波性质:位于 1568 nm 处的光功率明显降低(图 3.8)。

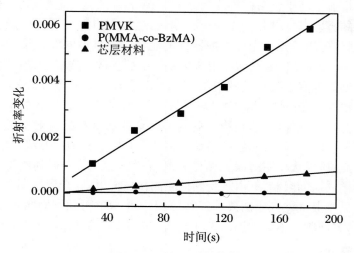

图 3.7 不同聚合物的光致折射率变化的比较

使用的高压汞灯光源的功率是 500 W,光源与薄膜样品之间的距离为 30 cm

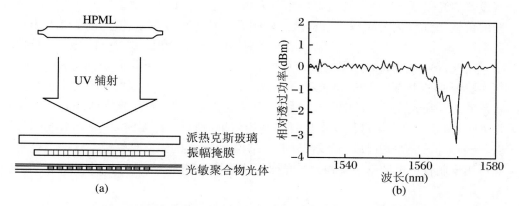

图 3.8 光纤光栅刻写的实验装置示意图(a)和刻写得到的光纤光栅的透射光谱图(b)[30]

上面所述的光纤光栅刻写工作利用了聚合物的分子剪裁性质。在这些工作的基础上，如果在光纤光栅材料中进一步引入带有特殊结构的功能性聚合物，能够获得具有特定功能的聚合物光纤光栅。例如，将具有光致取向性质的偶氮聚合物引入光纤芯，可以获得具有偏振特性的光纤光栅。

偶氮聚合物是指含有偶氮功能团的一类聚合物。这类聚合物将偶氮基团的光致异构化性质引入聚合物结构，并由此产生一类具有可逆光响应结构变化的聚合物材料，它们被广泛用于光存储[31]、薄膜表面起伏光栅[32]、光致形变[33]、光响应胶束[34]和囊泡[35-37]等。使用偶氮聚合物作为光纤芯材，不仅将光响应性引入光纤芯，同时由于偶氮基团能够显著提高材料的折射率，因而能够保证在光响应过程中芯层材料的折射率高于包层材料的折射率，满足光纤的光传输要求。另一方面，由于偶氮材料的折射率可以通过光照进行调制，这样制得的光纤光栅能够进行可逆的刻写和擦除，可用于光控光纤光栅器件的制备。在具体的偶氮聚合物光纤光栅的制备过程中，考虑到偶氮基团在聚合物基质中的扩散会造成的光栅稳定性问题，选择了侧链型偶氮聚合物作为光纤芯材。刻写方法则包括使用掩膜方法[38]和双光束干涉方法[39]。在刻写过程中发现，尽管刻写光的偏正态导致的折射率变化在光源关掉后会发生弛豫，但达到稳态后的偶氮聚合物材料的折射率仍然不同于刻写前偶氮聚合物的折射率，能够得到聚合物光纤光栅。从刻写方法角度而言，两种方法各有特点：掩膜法使用薄膜光栅作为掩膜，刻写方便，而得到的光纤光栅周期受到掩膜光栅周期的限制，又由于受到掩膜制作技术限制，光栅周期很难做到小尺寸以满足可见光 Bragg 光栅的要求；两束光干涉形成的可调制周期光源，具有周期可调的特点，方便制备不同周期的光纤光栅。可是，相关操作技术和所需要的光学设备都要求较高。

由偶氮聚合物作为光纤芯材制备的光纤光栅的传输性质可以使用耦合模理论进行模拟，建立传输模型[40]。与理论模型一致，实验发现偶氮聚合物光纤光栅具有显著的光强调制特性。图 3.9 给出了采用双光束干涉方法制备的聚合物光纤光栅的传输光强与刻写和擦除过程之间的关系。从中可以看出传输光（632.8 nm）在刻写-擦除过程中得到了调制。由光栅周期（1.5 μm）和偶氮聚合物的有效折射率（1.496），采用 Bragg 方程进行计算可知，光纤光栅的 7 级共振波长为 641 nm，与实验中所采用的 632.8 nm 光接近，可知调制结果是 Bragg 光纤光栅的 7 级共振所造成的。在光致可逆的偶氮聚合物折射率变化范围内，光纤光栅的调制可以反复进行，图 3.9 给出了进行 9 次反复调制的结果：刻写入光栅时，传输光被光栅散射，光强降低；擦除光栅后，光线恢复波导结构，传输光的强度也恢复。这一实验现象可用于制备与可调制聚合物光纤光栅相关的光纤器件。

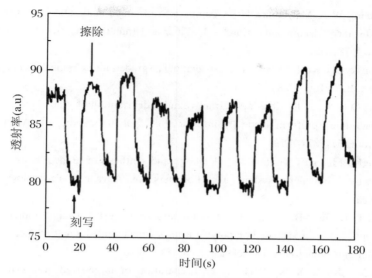

图 3.9　传输光 (632.8 nm) 通过光纤光栅后的光强与光纤光栅
刻写-擦除次数之间的关系

聚合物光纤为多模 (632.8 nm) 光纤, 光纤芯材的偶氮含量为 3.2%-wt。
光栅刻写采用双光束干涉方法[39]

参 考 文 献

[1]　Garvey D W, Zimmerman K, Young P, et al. Single-mode nonlinear-optical polymer
fibers[J]. J. Opt. Soc. Am. B, 1996, 13(9): 2017-2023.

[2]　Koike Y, Ishigure T, Nihei E. High-bandwidth graded-index polymer optical fiber[J].
Journal of Lightwave Technology, 1995, 13(7): 1475-1488.

[3]　Duan J L, Teng C Q, Han K Q, et al. Fabrication of segmented cladding fiber by bicom-
ponent spinning[J]. Polymer Engineering & Science, 2009, 49(9): 1865-1870.

[4]　Martijn A van Eijkelenborg, Maryanne C J Large, Argyros A, et al. Microstructured
polymer optical fiber[J]. Optics Express, 2001, 9(7): 319-327.

[5]　Xiong Z, Peng G D, Wu B, et al. Highly tunable Bragg gratings in single-mode polymer
optical fibers[J]. IEEE Photonics Technology Letters, 1999, 11(3): 352-354.

[6]　Ishigure T, Nihei E, Koike Y. Optimum refractive-index profile of the graded-index
polymer optical fiber, toward gigabit data links[J]. Applied Optics, 1996, 35 (2):
2048-2053.

[7]　Beckers M, Schluter T, Vad T, et al. An overreview on fabrication methods for poly-
mer optical fibers[J]. Polym. Int., 2015, 64: 25-36.

［8］ Gambling W A, Matsumura H. A comparison of single-mode and multimode fibers for long-distance telecommunications[M]//Fiber and Integrated Optics. New York: Plenum Press, 1978:333.

［9］ Olshansky R, Keck D B. Pulse broadening in graded-index optical fibers[J]. Applied Optics, 1976,15(2):483.

［10］ Zhang Q J, Wang P, Zhai Y. Refractive index distribution of graded index poly(methyl methacrylate) preform made by interfacial-gel polymerization[J]. Macromolecules, 1997,30(25):7874-7879.

［11］ Koike K, Mikes F, Koike Y, et al. Design and synthesis of graded index plastic optical fibers by copolymeric system[J]. Polymers for Advanced Technology, 2008, 19: 516-520.

［12］ Wang D J, Gu C B, Chen P L, et al. Preparation of heat-resistant gradient-index polymer optical fiber rods based on poly(N-isopropylmaleimide-co-methyl methacrylate)[J]. Journal of Applied Polymer Science, 2003,87:280-283.

［13］ Ding W, Xu C X, Xu S H, et al. Preparation of large-sized graded-index polymer preform[J]. Journal of Applied Polymer Science, 2003,89:817-820.

［14］ Spade C A, Volpert V A. Mathematical modeling of interfacial gel polymerization for weak and strong gel effects[J]. Macromol. Theory Simul. ,2000,9:26-46.

［15］ Vrentas J S, Duda J L. Diffusion in polymer-solvent systems. Ⅰ[J]. Journal of Polymer Science: Polymer Physics Edition, 1977,15(3):403-416.

［16］ Vrentas J S, Duda J L. Diffusion in polymer-solvent systems. Ⅱ[J]. Journal of Polymer Science: Polymer Physics Edition, 1977,15(3):417-439.

［17］ Vrentas J S, Vrentas C M. Solvent self-diffusion in glassy polymer-sovent systems[J]. Macromolecules, 1994,27:5570-5576.

［18］ Vrentas J S, Vrentas C M. Energy effects for solvent self-diffusion in polymer-solvent systems[J]. Macromolecules, 1993,26:1277-1281.

［19］ Zhang F, Wang X H, Zhang Q J. Refractive index distribution of graded poly(methyl methacrylate) preform described by self-diffusion approaches of free-volume theory in a ternary system[J]. Polymer, 2000,41:9155-9161.

［20］ Faldi A, Tirrell M, Lodge T P, et al. Monomer diffusion and the kinetics of methyl methacrylate radical polymerization at intermediate to high conversion[J]. Macromolecules, 1994,27: 4184-4192.

［21］ Rastogi V, Chiang K S. Propagation characterization of a segmented cladding fiber[J]. Optics Letters, 2001,26(8):491-493.

［22］ Wu W X, Xu J, Luo Y H, et al. Design and fabrication of SCPOF preform doped with rare earth complexes[J]. Journal of Applied Polymer Science, 2009,111:730-734.

［23］ Othonos A. Fiber Bragg gratings[J]. Rev. Sci. Instrum. , 1997,68(12):4309-4341.

［24］ Erdogan T. Fiber grating spectra[J]. Journal of Lightwave Technology, 1997,15(8): 1277-1294.

［25］ Kakarantzas G, Birks T A, Russell P S J. Structural long-period gratings in photonic crystal fibers[J]. Optics Letters，2002，27(12)：1013-1015.

[26] Tomlinson W J，Kaminor I P，Chandross E A ，et al. Photoinduced pefractive index increase in poly(methyl methacrylate) and its applications[J]. Applied Physics Letters，1970，16(12)：486-489.

[27] Peng G D，Xiong Z，Chu P L. Photosensitivity and gratings in dye-doped polymer optical fibers[J]. Optical Fiber Technology，1999，5：242-251.

[28] Xiong Z，Peng G D，Wu B，et al. Highly tunable bragg gratings in single-mode polymer optical fibers[J]. IEEE Photonics Technology Letters，1999，11(3)：352-354.

[29] Yu J M，Tao X M，Tam H Y. Trans-4-stilbenemethanol-doped photosensitive polymer fibers and gratings[J]. Optics Letters，2004，29(2)：156-158.

[30] Li Z C，Tam H Y，Xu L X，et al. Fabrication of long-period gratings in poly(methyl methacrylate-co-methyl vinyl ketone-co-benzyl methacrylate)-core polymer optical fiber by use of a mercury lamp[J]. Optics Letters，2005，30(10)：1117-1119.

[31] Izumi F，Ikeda T. Optical switching and image storage by means of azobenzene liquid-crystal films[J]. Science，1995，268(5219)：1873-1875.

[32] Paterson J，Natansohn A，Rochon P，et al. Optically inscribed surface relief diffraction gratings on azobenzene-containing polymers for coupling light into slab waveguides[J]. Appl. Phys. Lett. ，1996，69(22)：3318-3320.

[33] Yu Y L，Nakano M，Ikeda T. Directed bending of a polymer film by light[J]. Nature，2003，425(6954)：145-145.

[34] Huang Y，Dong R J，Zhu X Y，et al. Photo-responsive polymeric micelles[J]. Soft Matter，2014，10：6121-6138.

[35] Su W，Luo Y H，Yan Q，et al. Photoinduced fusion of micro-vesicles self-assembled from azobenzene-containing amphiphilic diblock copolymers [J]. Macromol. Rapid Commun. ，2007，28：1251-1256.

[36] Shen G Y，Xue G S ，Cai J，et al. In situ observation of azobenzene isomerization along with photo-induced swelling of cross-linked vesicles by laser-trapping Raman spectroscopy [J]. Soft Matter，2012，2：9127-9131.

[37] Wang Y J，Zhuang Y W，Gao J G ，et al. Enantioselective assembly of anmphiphilic chiral polymer and racemic chiral small molecules during preparation of micro-scale polymer vesicles[J]. Soft Matter，2016，12(10)：2751-2756.

[38] Li Z C ，Ma H，Ming H，et al. Birefringence grating within a single mode polymer optical fibre with photosensitive core of azobenzene copolymer[J]. J. Optoelectron. Adv. Mater. ，2005，7(2)：1039-1046.

[39] Luo Y H，Zhou J L，Yan Q，et al. Optical manipulation polymer optical fiber Bragg gratings with zopolymer as core material[J]. Applied Physics Letters，2007，91(7)；doi：10.1063/1.27770657.

[40] Luo Y H，Li Z C，Zheng R S，et al. Birefrigent azopolymer long period fiber gratigns induced by 532 nm polarized laser[J]. Optics Communications，2009，282：2348-2353.

第4章 聚合物-玻璃复合光纤材料及其性质

常用的通信光纤是由无机玻璃材料制成的。近些年来,随着玻璃以外的其他材料的引入,一类称之为杂化光纤的新兴研究领域悄然而起[1]。这一融合了光子学、电子工程学、材料科学和化学的交叉研究领域,旨在发展柔性的一维光子学器件。其主要学术思想就是,通过引入越来越多的功能到光纤中以获得具有新颖功能的光纤器件。

按照光纤纤芯所使用的材料,目前已经商业化的光纤可分为两类:一类是石英玻璃光纤,另一类是聚合物光纤。这两类光纤具有不同的特点。例如,石英玻璃光纤损耗处于 10^{-1} dB·km^{-1},而聚合物光纤的损耗处于 10^2 dB·km^{-1};玻璃光纤的几何尺寸、通光窗口、系统集成和器件等诸方面,已经成为目前光纤网络系统的标准,而聚合物光纤多用于短距离数据传输;玻璃光纤材料的性质多取决于材料的组成,而聚合物光纤材料的性质能够从分子水平尺度上进行设计,并可采用化学方法实现分子水平的化学结构剪裁;等等[2]。为了充分发挥两者的优势,同时避免应用中的技术困难,采用玻璃光纤作为纤芯材料,使用聚合物作为包层材料,制作出既能将两者优点融合在一起,又能方便接入光纤网络的聚合物-玻璃复合光纤及其相关器件的工作就成为了有优势的选择[3]。这样一种杂化光纤可以通过倏逝场与聚合物各层次结构的相互作用来实现各种功能。

由 1.1.3 节介绍的光学理论可知,当光线在光纤中传输的时候,传输光会进入光纤包层,产生场强分布尺度约为传输光波长的光场。这种在纤芯和包层的界面处产生的光场称为倏逝场,如图 4.1 中粉红色部分所示[4](见附页彩图)。就光纤波导而言,在纤芯和包层界面处的倏逝场在 Z 方向的强度分布可以用图 4.1 中所示的公式进行计算。

倏逝场的作用已在很多光纤研究工作中得到证实。例如,Cui 等采用耦合模理论对倏逝场造成的光从纤芯到包层的流动进行了定量分析[5],并以不同浓度的丙三醇水溶液作为折射率传感溶液,研究了包层模式耦合波长随外界折射率增大而增大的情况[6];Polynkin 等使用倏逝场来测量微流体的折射率[7];等等。

作为杂化光纤的一员,在已报道的研究工作中,聚合物-玻璃复合光纤是采用玻璃光纤作为芯层,聚合物作为包层,以保证传输光倏逝场与聚合物之间充分的相互作用。采用这种方法引入聚合物,主要目的是将玻璃光纤波导的低损耗波导性

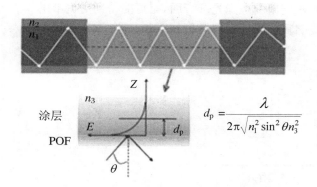

$$d_{\mathrm{p}} = \frac{\lambda}{2\pi\sqrt{n_1^2\sin^2\theta n_3^2}}$$

图 4.1　光在光纤波导中的全反射以及倏逝场的示意图

上图为光在光纤芯的光密介质(n_1)与除去包层后的光疏介质(n_3)的界面
处形成的倏逝场(粉红色);下图为倏逝场的场强分布及其与材料参数和
光线入射角的定量关系

质与聚合物可以进行分子水平的结构剪裁性质相结合,最大可能地将聚合物的软物质性质(小刺激可能带来大响应)在一维波导结构条件下体现出来。将聚合物与玻璃光纤进行复合的方法包括:涂覆[8]、化学反应[9]、化学沉积[10]、微孔灌注[11]、界面层的化学刻蚀[3]以及静电组装[12]和光纤端头处的光引发聚合[13]等等。

　　从 1.7.2 节介绍的聚合物材料结构特性可知,聚合物的化学结构丰富多样。控制聚合物各层次结构可以获得不同功能的聚合物材料。将不同性质的聚合物与玻璃光纤波导复合,可以获得各种不同功能的复合光纤。刺激响应性聚合物(Stimuli Responsive Polymers)种类繁多[14,15],其中侧链型偶氮聚合物将具有可逆光致顺反异构的偶氮基团作为侧基引入聚合物,使得偶氮基团的光响应性质扩展到整个聚合物,可以作为光敏、非线性光学和光折变聚合物材料,在电光调制、图像存储、光全息存储获得了广泛的应用[16]。用于光响应材料的偶氮聚合物中的偶氮基团为芳香族偶氮化合物。芳香族偶氮化合物较脂肪族偶氮化合物较为稳定,同时也带来了电子云密度高,介电常数或折射率较高等特点。这一方面研究的内容极为丰富,将成为第 5 章的主要内容,下一节内容仅限于偶氮聚合物在复合光纤中的应用。

4.1　偶氮聚合物–玻璃复合光纤的材料和偏振调制性质

　　采用偶氮聚合物作为玻璃光纤的外涂覆层,并利用其可逆光调制性质,在光纤外表面创造一个可以光控折射率的聚合物层,对传输光倏逝场进行调控。例如,将偶氮聚合物折射率光栅引入到光纤表面,有可能得到可调节的聚合物光纤光栅,相应的聚合物-玻璃复合光纤光栅模型如图4.2所示(见附页彩图)。

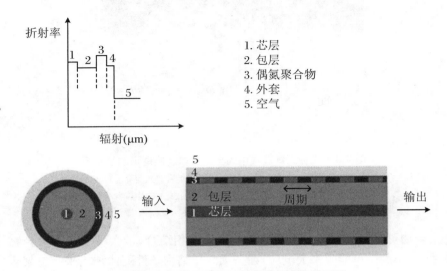

图4.2　玻璃-偶氮聚合物复合光纤光栅模型图

左上坐标系表明沿光纤断面折射率的分布。模型图中各部分尺寸均可进行调节,
并通过这些参数的调节优化玻璃-偶氮聚合物光纤光栅的性能

从图4.2所示的理想模型可以看出,偶氮聚合物-玻璃复合光纤要实现对传输光的调制,需要控制三个材料参数:一是光纤包层的厚度;二是偶氮聚合物的厚度;三是偶氮聚合物的折射率。光纤包层的厚度要控制在能够部分泄漏倏逝场。理论上,光纤倏逝场的场强分布可以由图4.1中所示的公式获得。实验上,需要将光纤包层削薄到倏逝场场强分布所要求的包层厚度。削薄光纤包层厚度的方法有很多种,化学实验室常用的方法是化学溶蚀方法[17]。化学溶蚀过程就是使用氢氟酸来溶解玻璃光纤包层,其化学原理如下:

$$SiO_2 + 4HF \rightarrow SiF_4 + 2H_2O \tag{4.1}$$

$$SiF_4 + 3H_2O \rightarrow H_2SiO_3 + 4HF \tag{4.2}$$

$$SiF_4 + 2HF \rightarrow H_2SiF_6 \tag{4.3}$$

氢氟酸浓度是影响溶蚀结果(溶蚀后光纤的表面结构)的重要因素,实验中采取逐步降低浓度的方法,确保溶蚀后光纤仍然能够保持原有的光传输特性。溶蚀过程可以用显微镜实时观察包层厚度的变化,同时采用功率计(1550 nm)实时监测传输功率的变化,两者关系如图4.3所示。

由图4.3的结果可知,当光纤包层厚度接近传输光的波长时,光的传输功率会急剧下降,大量的光能将会从光纤中泄漏出去。为了保证传输光的倏逝场与聚合物有相互作用,溶蚀过程中通常控制包层厚度略大于波长尺寸。

在考虑偶氮聚合物与玻璃光纤复合时,聚合物的折射率是一个极其重要的参

数:如果偶氮聚合物的折射率高于玻璃光纤包层的折射率,光纤中的传输光就会从偶氮聚合物层泄漏出去,无法保持光纤的波导性质。

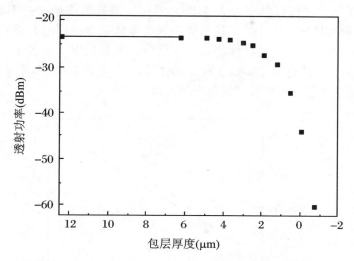

图 4.3　化学溶蚀过程中,光纤中传输光(1550 nm)功率与光纤包层厚度之间的关系
光纤样品为普通的单模石英光纤 SMF28(纤芯折射率为 $n_{芯层}=1.4489$,$n_{包层}=1.4440$,纤芯直径为 8.3 μm,包层直径为 125 μm)

含氟聚合物具有较低的折射率。造成这一性质的原因是氟原子(半径为 71 pm(F-F),体积较小,电负性为 3.98(鲍林标度),电负性最强)的低极化率[18]和含氟基团能够增加聚合物自由体积[19]。降低偶氮聚合物折射率的一个办法就是将含氟单体与偶氮单体进行共聚。与掺杂含氟化合物的方法以及与含氟聚合物共混的方法相比,共聚方法得到的聚合物可以制成均匀薄膜。图 4.4 中的照片显示了由三种方法得到的聚合物所制作的薄膜的透明性和均匀性的光学显微镜观察结果。从图 4.4 中可以看出,相比其他两种聚合物制作的薄膜,含有氟代单体的共聚物制作的薄膜具有较好的透明性和均匀性。

图 4.4　含氟代单体和偶氮单体的共聚物(左)、含氟聚合物与偶氮聚合物共混(中)和含氟化合物掺杂偶氮聚合物(右)所制作的薄膜的光学显微镜照片

　　要保证偶氮聚合物与光纤传输光的倏逝场之间发生相互作用,偶氮聚合物的折射率(偶氮苯均聚物在 1550 nm 处的折射率为 1.6203)要小于玻璃光纤的纤芯材料折射率(纤芯材料折射率为 1.4489)。显然,偶氮苯均聚物并不满足这一条件。为了得到满足这一条件的氟代单体与偶氮单体共聚得到的共聚物,共聚物中偶氮单体(6CN)含量与所得共聚物折射率之间的关系如图 4.5 所示,从中可以看出,当 6CN 的含量降低到 6%-mol 时,共聚物的折射率为 1.4418,小于光纤纤芯的折射率,满足制备复合光纤对偶氮聚合物折射率的要求。

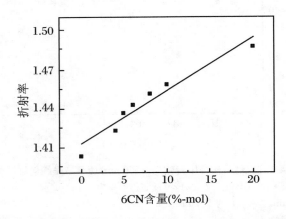

图 4.5　氟代单体(甲基丙烯酸三氟乙酯,TFEMA)和偶氮单体(6-[4-(4-氰基偶氮苯基)苯氧基]己基甲基丙烯酸酯,6CN)共聚物的组成与共聚物薄膜折射率之间的关系

折射率测试光源波长:1550 nm

　　在紫外光(具体波长位置会随着偶氮苯结构的变化而发生变化,一般依据偶氮化合物的吸收光谱决定:最大吸收波长为最佳辐照波长)辐照下,偶氮共聚物中的偶氮基团会发生顺反异构,即由通常条件下稳定的反式偶氮苯转变为顺式偶氮苯,同时伴随着基团偶极、偶氮基团排列和聚合物自由体积等变化,造成共聚物的折射率变化。从这一过程分析可以看出,偶极变化造成的折射率变化是与共聚物中的偶氮苯基团含量直接相关的。图 4.6 给出了一个例子,从中可以看出,对于 TFEMA 和 6CN 所形成的共聚物,其薄膜的折射率随着光照时间增加,伴随着顺式偶氮苯含量增加而下降。图 4.6 给出的实测结果与理论预测结果[20]的变化趋势是吻合的:折射率与光照时间的关系满足指数关系。虽然趋势一致,但具体数值还是有一定误差,这是因为聚合物的凝聚态、密度、自由体积、基团偶极等因素也会影响聚合物的折射率[21]。

　　采用折射率为 1.4368@1550 nm 的偶氮共聚物和包层厚度为 0.5 μm 的溶蚀后光纤,制作了偶氮聚合物-石英玻璃复合光纤。光纤的溶蚀长度为 14 mm。当波长为 1550 nm 的传输光在光纤中传输并经过溶蚀区时,由于共聚物的折射率小于纤芯材料的折射率(1.4489@1550 nm),传输光的倏逝场会进入聚合物层。

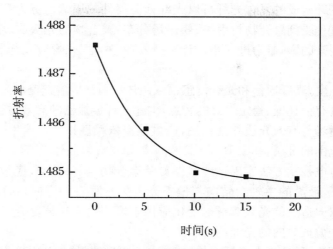

图 4.6　含氟代单体的偶氮苯共聚物薄膜的折射率与光照时间的关系

样品：氟代单体和偶氮单体共聚物薄膜，偶氮苯含量：20%-mol；辐照波长：360 nm；

辐照功率：3.6 mW·cm^{-2}；折射率测试光源波长：1550 nm

进入聚合物层的传输光会受到聚合物吸收性质的影响。从图 4.7 所示的近红外吸收光谱可知：由于偶氮苯聚合物中 C—H 化学键的存在，近红外波段的吸收不能忽略。制备复合光纤所用的折射率为 1.4368 的偶氮苯聚合物在 600～1800 nm 波段的吸收虽然很弱，如图 4.7(a)所示，假设偶氮苯聚合物薄膜的厚度为 5 μm，但从图 4.7(a)中 1550 nm 处的吸光度计算得到单位长度偶氮苯聚合物的吸收系数为 0.0107·μm^{-1}。这一吸收系数足以影响传输光的强度。实验结果（图 4.7(b)）表明：偶氮聚合物中偶氮基团的顺反异构，会造成传输光的强度发生变化，同时，循环进行的偶氮苯基团顺反异构，会造成光强的可逆变化。这一结果使得偶氮苯聚

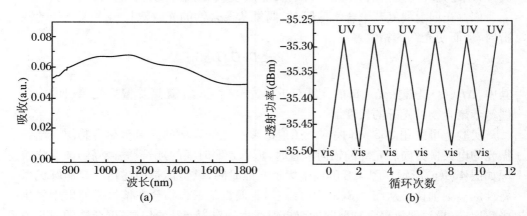

图 4.7　含氟代单体的偶氮苯共聚物的近红外吸收光谱(a)和在紫外光和可见光循环照射下，复合光纤中传输光的光强变化(b)

合物与石英光纤构成的复合光纤可以光纤开关器件的制造。更为有意义的是,由于光纤调制过程受到聚合物折射率、倏逝场分布、聚合物的光吸收、聚合物光响应性质等多重因素的影响,为进一步设计和开发各种类型光响应光纤器件提供了可行性途径[22]。

除了光强度,光纤通信和光纤传感领域还常常遇到传输光偏振态的控制问题。光纤偏振器具有损耗低、稳定性好的特点,构建光纤偏振器的有效方法之一是通过传输光的倏逝场与有效介质相互作用,产生偏振依赖性损耗。这里的有效介质是处于倏逝场范围的金属[23]、L-B 膜[24]、液晶[25]和双折射晶体[26]等。光纤偏振器的调控则是通过电控制方法实现[27,28]。偶氮苯聚合物是一种光响应液晶聚合物,在偏振光照射下,液晶的主轴会转向与偏振光电矢量垂直的方向,从而完成光致取向。将光致取向造成的光致双折射变化应用于聚合物–玻璃复合光纤,有可能获得可以调谐光偏振方向的光纤偏振器。

从光学理论可知,光在光纤中传输时,由于边界的限制,其电磁场是不连续的。这种不连续性质在光纤中形成不同的传输模式。只能传输一种模式的光纤为单模光纤。理想情况下,单模光纤的模式矢量场是两个正交的偏振基模(HE_{11x},HE_{11y}),其传播常数相等($\beta_x = \beta_y$),两者相互简并。当光纤材料在两个方向具有不同有效折射率时,光纤发生双折射,此时两个模式并不简并,存在传播常数差。两个正交基模的传播常数的差定义为双折射($\Delta\beta = \beta_x - \beta_y$),这时两个偏振模的模折射率之差为 $B = n_{effx} - n_{effy}$。实验和理论都证明,两个正交方向的传播常数的差异会引起传输光偏振状态的变化。

两个正交的偏振基模的相位差可以表示为

$$\delta\beta = \frac{2\pi BL}{\lambda} \tag{4.4}$$

其中,B 是光纤的双折射;L 是光纤的长度;λ 为传输光的波长[28]。

偏振光照射偶氮苯聚合物薄膜时,偶氮苯聚合物的光致双折射带来光纤的双折射,从而使光纤的相位差发生变化,表示为

$$\Delta\delta\beta = \frac{2\pi\Delta B(O)L_O}{\lambda} \tag{4.5}$$

其中,$\Delta B(O)$是偏振光造成的光纤双折射的改变量;L_O是接受偏振光照射的涂覆偶氮苯聚合物的光纤的长度。

实验上可采用 365 nm 偏振光照射涂覆在光纤表面的偶氮苯聚合物层。当偏振光的电矢量方向和光纤的轴向垂直时,随着光照时间的延长,偏振椭圆的变化情况如图 4.8(a)所示。图 4.8 的横坐标是光照时间,纵坐标是描述传输光椭圆偏振特性的椭圆轴比。从图 4.8(a)中可以看到:偶氮苯聚合物会在偏振光照射下发生光致取向,导致偶氮聚合物薄膜的双折射产生。作为光纤的包层,聚合物的双折射会导致光纤的双折射,造成传输光的相位差,最终导致传输光的偏振态(轴比)发生变化。对于已经取向的偶氮苯聚合物,再用 365 nm 非偏光照射会发现:随着非偏

光照射时间的延长,传输光的偏振特性会返回到初始状态,如图 4.8(b)所示。这是由于在非偏光照射下,偶氮基团的取向又会被打乱,各向同性的特性又会在照射光的电矢量所在平面内恢复。

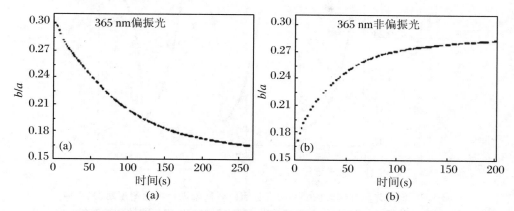

图 4.8　随着 365 nm 偏振光(a)和非偏光(b)照射时间的延长,描述传输光(1550 nm)偏振椭圆特性的短轴和长轴之比(b/a)的变化情况

为了得到可逆的偏振调谐结果,使用偏振光和非偏光交替照射偶氮苯聚合物包层,发现图 4.8 所示的结果可以反复进行,如图 4.9 所示。从图 4.9 的结果可以看出:循环进行图 4.8 所示实验时,b/a 的数值的变化是可逆的。随着次数的增加变化,传输光的偏振特性有减小的趋势。这是因为在 365 nm 偏振光取向后再用非偏光(椭圆偏振光)进行解取向时,解取向并不均匀,它包括面内取向和面外取向。有研究工作证明:在圆偏光照射条件下,偶氮苯聚合物也可能在垂直于这一平面的方向发生面外取向[29]。如果采取圆偏光,可以减小使用非偏光造成的光响应性的不均匀。值得指出的是:图 4.8 和图 4.9 的结果只是传输光的偏振特性,而没有考虑偶氮苯聚合物折射率的绝对值变化。非偏光造成的非均匀性也会体现在折射率的不均匀,造成传输光强度的变化。

图 4.8 给出的结果只是在照射光电矢量垂直于光纤轴向条件下的输出光的偏振特性变化。当传输光的电矢量与光纤轴向存在一定角度时,输出光的偏振态将会更为复杂,简单使用二维平面图就很难表示清楚各因素间的相互关系。表达传输光偏振态变化的一个更为直观的方法是采用邦加球。球面上的每一点代表一个偏振状态,北半球为右旋偏振,南半球为左旋偏振,两极为圆偏振,赤道上的点代表线偏振状态。不同偏振状态对应不同的偏振椭圆。图 4.10 给出了在用偏振光照射偶氮聚合物包层时,聚合物包层对光纤中传输光偏振态进行调制的邦加球描述[30]。

从图 4.10 中可以看出:初始的偏振态是右旋椭圆偏振,0°的偏振光(435 nm)照射后仍然是右旋椭圆偏振态,45°、60°和 90°的偏振光照射后最终是左旋椭圆偏振,其中变化的幅度依次增大。

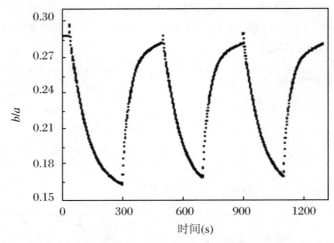

图 4.9 偏振光和非偏光（365 nm）交替照射偶氮苯聚合物涂覆层时，光纤中传输光（1550 nm）的偏振特性（椭圆的短轴和长轴比）的周期变化

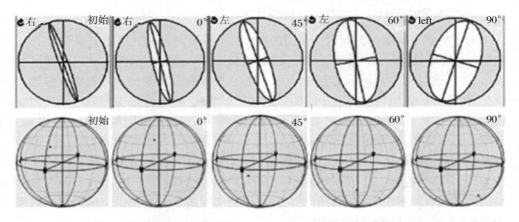

图 4.10 不同方向偏振光（435 nm）照射后传输光（1550 nm）偏振态的椭圆图形（上）和邦加球上所对应的偏振态（下）

偏振光照射时间：800 s；光纤长度 15 mm

邦加球还可以记录偏振光照射不同时间后各种对应参量的数值，然后作图得到每个参量随着光照时间的变化情况。或者，在邦加球上，每隔一定时间记录一个偏振态，这样就可以得到偏振态的变化轨迹，很直观地看到在偶氮苯聚合物涂覆层光致取向过程中传输光偏振状态的变化情况。图 4.11 给出了一种含偶氮基团的三元共聚物涂敷在光纤表面所形成的复合光纤在不同光照条件下的邦加球。

三元共聚物是由 2-［4-(4-氰基偶氮苯基)苯氧基］乙基甲基丙烯酸酯((E)-2-(4-((4-isocyanophenyl) diazenyl) phenoxy) ethyl methacrylate，2CN)、甲基丙烯酸三氟乙酯(2,2,2-trifluoroethyl methacrylate，TFEMA)和甲基丙烯酸甲酯基笼

状低聚倍半硅氧烷（Methacrylisobutyl Polyhedral Oligomerie Silsesquioxane，MAPOSS）共聚得到。在共聚物中引入含有 POSS 基团的 MAPOSS 单体单元，旨在获得高偶氮含量和低折射率的聚合物。POSS 基团具有笼状结构，分子内含有较大空间，将其引入到聚合物中可以很大程度地降低聚合物的折射率。而偶氮基团的芳香性造成基团的介电常数较高，给相关聚合物带来较高的折射率。将两者融入一种聚合物，在适当比例条件下可以实现偶氮含量和折射率的平衡[31]。

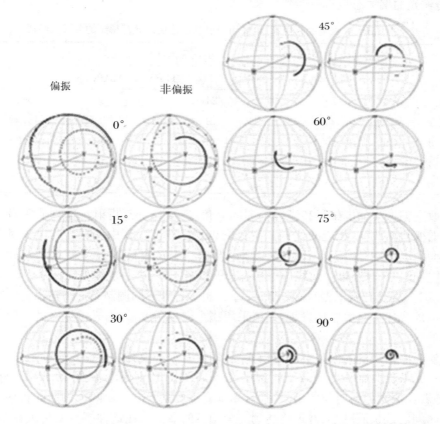

图 4.11　在偏振和非偏振状态、不同照射角度（照射光电矢量与光纤主轴之间夹角）光
（435 nm）辐照下，复合光纤中传输光（1550 nm）的偏振态随照射时间延长而发
生的变化

光纤长度：13 mm

表 4.1 列出了三元共聚物组成和实测的相关参数。结合聚合物薄膜的吸收、光纤芯材的折射率和聚合物的热稳定性等性质，可以确定用于制备复合光纤的最佳三元聚合物为 POSS 含量为 35%-mol、2CN 含量为 10%-mol 的样品。由这一聚合物制作的复合光纤可以通过偏振光辐照完成传输光的偏振调制。实验中，光纤输出光的偏振态为右旋圆偏振。随着偏振光（435 nm）照射时间的延长，偏振状态

逐渐变化到左旋偏振态,其中经过线偏振状态之后,再用非偏振光照射时,偏振态还可以回复到初始的偏振状态,即光纤输出光偏振态的光学调制是可逆进行的。这是因为偶氮苯聚合物在 435 nm 偏振光的照射下发生光致取向,引起偶氮苯聚合物薄膜产生光致双折射,并且随着时间延长,双折射的数值变大。作为光纤新的包层,此种双折射最终引起光纤传输模式的双折射,从而改变了传输光的偏振态。用非偏振光进行照射时,偶氮苯的光致取向被打破,聚合物薄膜重新回到无定形的状态,传输光的偏振态也重新回到原来的状态。

表 4.1　三元共聚物的折射率、单体组成以及由核磁谱计算得到的共聚物组成

	在原料中(%-mol)			由核磁谱计算(%-mol)			n(1550 nm)
	2-CN	TFEMA	MAPOSS	2-CN	TFEMA	MAPOSS	
1	30	25	45	24	39	37	1.4691
2	20	35	45	13	51	36	1.4575
3	20	50	30	14	63	23	1.4616
4	15	50	35	10	61	29	1.4521
5	10	55	35	9	63	28	1.4503

　　改变偏振光的电矢量和光纤轴向的夹角,造成光纤双折射传输性质随着夹角角度的变化而改变,相应的偏振调制范围也发生改变。其中偏振光的电矢量和光纤轴向角度分别是 0°,15°,30° 和 45° 时,偏振状态从右旋偏振态变化到左旋偏振态,并且 0°,15° 时经过两次线偏振状态,30° 和 45° 时经过一次线偏振状态。60°,75° 和 90° 时一直是右旋偏振状态。图 4.11 给出了各种不同调制条件下输出光偏振态的邦加球表述。实验中还发现,无论采用哪个夹角角度,输出光偏振态的调制都是可逆的。

　　实验中使用的光纤是标准单模光纤,即仅有一种模式的传输光通过光纤传输。

　　三元偶氮共聚物的光致双折射的结果如图 4.12 所示。从图 4.12 中数据可知,随着偏振光照射时间的延长,平行和垂直于偏振光电矢量两个方向的折射率都随着时间的延长而减小,并最终达到一个稳定的数值。在这种指数变化关系中,垂直方向的减小速度快于平行方向的减小速度。在辐照 7 min 和 15 min 时,两个方向的折射率分别低于光纤芯材料的折射率。值得注意的是:在 7 min 到 15 min 这一时间段,一个方向的偶氮苯聚合物折射率大于纤芯折射率,而另一个正交方向的聚合物折射率小于纤芯折射率。正是三元偶氮共聚物的这一光致折射率变化特性使得这种聚合物与单模光纤复合后,在特定光照条件下,一个方向形成导模,另一个方向形成漏模,从而获得了单纯的偏振光输出。图 4.11 给出的实验结果与这一实验结果一致[31]。根据这一原理可以推定:在实验过程中,将光照时间均控制在 20 min 以内,有可能得到单纯偏振光的输出。这一实验结果还表明:在使用这一复合光纤制备光纤偏振调制器时,光照时间是必要参数,需要结合材料性质和器件性

质,通过不同时间条件下传输光偏振输出实验加以确定。

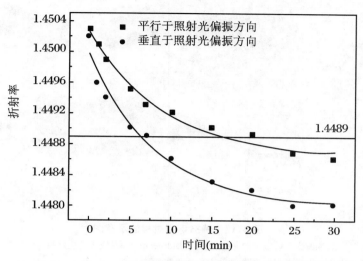

图 4.12　偏振光(435 nm)诱导的三元偶氮苯聚合物光致取向过程中,平行和垂直于偏振光方向的聚合物折射率随着照射时间的变化曲线
偏振光强度:1.01 mW・cm^{-2}。图中横线所示折射率(1.4489)为光纤芯材料的折射率

4.2　复合光纤的材料和传感性质

复合光纤的理念也可以用于发展光纤传感器件。光纤传感器是利用光纤中传输的光信号对外界各种刺激因素的响应,从而完成对刺激因素进行感知的一种光纤器件。外界刺激因素包括温度、压力、物质浓度和各种光信号、电磁信号等。光纤传感器的优点:体积小、质轻、不受电磁信号干扰、高灵敏度,并方便与光纤网络连接,直接用于远程检测。

4.2.1　聚合物-玻璃复合光纤的偏振识别

太阳光通过散射在天空中形成的偏振光网是一种天然指南针,自然界很多昆虫通过偏振识别来辨别方向,也给医学、仿生学、材料科学等学科提供了丰富的研究内容[32-35]。通过生理学研究可知,大多数昆虫完成偏振识别的最小器官是对偏振光有响应的感杆(Rhabdomere)。图 4.13 描绘了偏振识别过程的示意图[36](见附页彩图)。

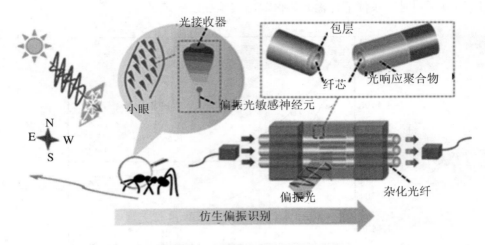

图 4.13 偏振识别过程的示意图

其中对偏振光高度敏感的光接收器（Photoreceptors）对应于昆虫复眼中的感杆，
可以用偏振敏感的聚合物-玻璃复合光纤进行仿生

从图 4.13 的内容可知：采用 4.1 节介绍的偏振敏感的偶氮聚合物-玻璃复合
光纤能够得到人工感杆材料。图 4.14 给出了相应的实验装置示意图和初步的实
验结果。

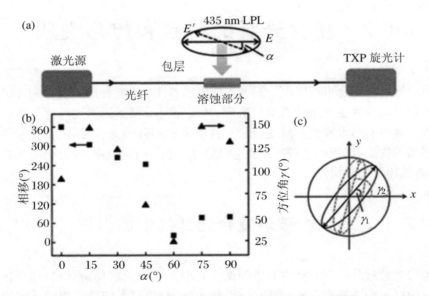

图 4.14 复合光纤偏振态输出测试实验装置的示意图

（a）AQ4321D 可调谐光源（波长为 1550 nm）和 TXP5004 旋光计；（b）435 nm 偏振光的偏振方
向与 Z 轴方向夹角（α）与相移、方位角（γ，输出光偏振方向与水平方向的夹角）之间的关系，辐
照时间为 1200 s；（c）光纤输出偏振面旋转的示意图

图 4.14(b)给出了 435 nm 偏振光的偏振方向与 Z 轴方向夹角(α)与相移和方位角(γ,输出光偏振方向与水平方向的夹角)三者之间的关系。从中可以看出,使用具有不同偏振方向(α 角)的偏振光进行辐照,输出光的偏振方向(γ 角)会发生相应的变化。例如,在偏振光辐照前和 $\alpha = 0°$ 的条件下,输出信号的方位角在 $80°$。在使用 $\alpha = 15°$ 的偏振光进行辐照 1200 s 后,偏振光的偏振方向转到了 $\gamma = 140°$ 方向。这个转变是连续变化的,即方位角变化幅度的大小与辐照时间相关(详见 4.1节)。另一方面,图 4.14(b)给出的 α 角和 γ 角之间的关系表明:进行光控偏振调节的偶氮聚合物-玻璃复合光纤可作为人工感杆材料。为了获得人工感杆器件,还需要考虑 α 角和 γ 角之间关系的时间依赖性。

4.2.2　聚双炔复合光纤材料和传感性质

复合光纤的偏振识别是通过聚合物的偏振响应完成的,即相应的外界刺激是偏振光。除此之外,各种外界刺激造成的聚合物性质变化都可以用于制作光纤传感器。使用聚双炔自组装膜-聚合物复合光纤就可以完成远程气体传感。

聚双炔是一类共轭聚合物的统称。由于主链中存在高度离域的一维 π 电子,聚合物的最大吸收峰在 640 nm 左右,显示为蓝色,故称为蓝相。各种外界刺激会造成聚双炔凝聚态结构和颜色发生变化。外界刺激包括温度[37]、pH[38]、压力[39]、离子[40]、溶剂[41]和配体相互作用[42]等。在上述外界刺激下,聚双炔多是发生颜色变化。由此色变性质出发,将聚双炔与光纤进行复合,能够获得具有传感特性的光纤材料。

为了保证聚双炔的溶剂稳定性,先采用聚四乙烯基吡啶(P4VP)与双炔(TDA)共混,其中 TDA 是氢键给体,P4VP 是氢键受体;然后,再使用紫外光对共混后样品进行辐照,使得其中的 TDA 聚合,得到聚双炔与 P4VP 的氢键组装膜[43]。在有机溶剂中,聚合物组装膜的稳定性可以通过图 4.15 所示的实验结果照片看出。

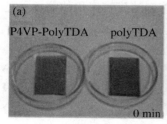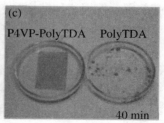

图 4.15　P4VP 和 PolyTDA 形成的交联和 PolyTDA 薄膜分别放置在乙醇中的照片

放置时间分别为:0 min(a),1 min(b) 和 40 min(c)

　　实验是将 P4VP 与 PolyTDA 形成的交联薄膜和 PolyTDA 薄膜分别放置在乙醇中,观察放置不同时间后薄膜的稳定性:PolyTDA 薄膜放置在乙醇中 1 min 后薄膜已经被破坏,而 P4VP-PolyTDA 在放置 40 min 后仍然没有被溶剂破坏。这是因为在聚合物膜中存在氢键交联(图 4.16),氢键的存在将提高聚双炔薄膜的稳定性[44]。

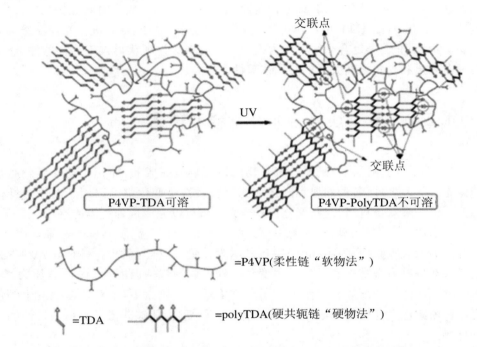

图 4.16　P4VP 与 TDA 形成的氢键组装体模型和光聚合后 P4VP 与聚双炔　　　(PolyTDA)形成的交联网络模型

　　与已报道的聚双炔在外界各种因素刺激下会发生颜色变化一样,P4VP-PolyTDA 薄膜在遇到几种有机溶剂时也会发生蓝色到红色的颜色变化。实验中发现,仅使用 P4VP-PolyTDA 薄膜的响应性色变,则很难区分不同溶剂造成的色变差别。使用这种结构简单的聚双炔来获得区分不同溶剂的分辨率仍然需要新的思路。

　　与已有工作中采取改变聚双炔的结构来提高分辨率的方法不同,将 P4VP-PolyTDA 涂覆在聚合物光纤的倏逝场范围内,利用不同溶剂在 P4VP-PolyTDA 薄膜中扩散的差异可以进一步区分溶剂造成的色变差异。这一过程的原理是:只有进入倏逝场的溶剂分子和 P4VP-PolyTDA 相互作用所引起的变色,才能在聚合物光纤的传输光谱中得到体现,而不同溶剂分子扩散系数的差异引起进入倏逝场的数量不同,造成传输光谱产生差异,进而达到区分不同溶剂的目的。依据这一原理,一种方法是在除去包层的光纤表面引入 P4VP-PolyTDA 薄膜,从而获得一种用于区分不同溶剂的光纤传感材料[43]。

P4VP-PolyTDA 组装膜-聚合物光纤复合结构以及复合光纤传输光的光强监测实验装置如图 4.17 所示。将这一种复合光纤放置在 $CHCl_3$ 的气氛中,实验检测传输光强度的变化。

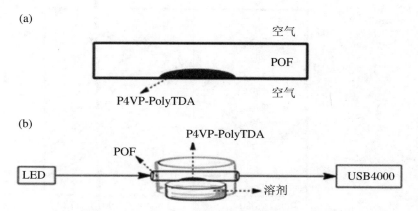

图 4.17 P4VP-PolyTDA 组装膜与包层减薄后的聚合物光纤所形成的复合光纤结构示意图(a)以及使用这种复合光纤监测不同有机溶剂的实验装置示意图(b)

从图 4.18 中可以看出:检测过程中,P4VP-PolyTDA 共聚物与 $CHCl_3$ 的相互作用首先发生在涂覆层的外表面,溶剂分子没有进入倏逝场的范围,光纤的透过谱为 P4VP-PolyTDA 共聚物的吸收光谱。随着溶剂分子在 P4VP-PolyTDA 涂覆层中的扩散,溶剂会造成 P4VP-PolyTDA 共聚物吸收光谱变化(源于聚双炔的溶剂导致的色变性质[41])。当扩散分子进入倏逝场范围时,这种光谱变化可以从复合光纤的传输光谱中看出(图 4.18(a)),而且随着时间的延长,倏逝场强度分布具有一定尺度(d_p,见 1.1 节中(1.4)式),且在垂直于光纤长度方向(Z 方向),光强变化由吸收定律决定:

$$I(z) = I(0)\exp(- z/d_p) \tag{4.6}$$

这种光谱变化通过光纤实时传输到光谱仪,还可以实现实时监测。图4.18(b)给出了复合光纤在 $CHCl_3$ 气氛中放置时间与光谱强度(680 nm)之间的指数变化关系。

不同溶剂分子在聚合物中的扩散系数不同(详见 3.1 节)。利用这一性质,复合光纤可以用于实时监测不同溶剂分子。图 4.19 给出了复合光纤放置在不同有机溶剂的气氛中传输光谱在 680 nm 处的光强变化。从中可以看出:不同于 $CHCl_3$ 的色变情况,THF、乙醇和丙酮造成的 680 nm 处光强变化在最初几秒快速增加到一个较大的数值,随后,光强反而略有下降,而最大的变化数值小于 $CHCl_3$ 的变化数值。这是由于三种溶剂在 P4VP-PolyTDA 中的扩散速率快于 $CHCl_3$,而造成的 P4VP-PolyTDA 色变响应弱于 $CHCl_3$。对于乙酸乙酯(Ethyl Acetate,EA),结果和 CHCl₃类似,光强改变量随着暴露时间增加基本上呈指数增加,但是增加的速率小于 CHCl₃,最大的光强改变量也小于 CHCl₃。这说明 EA 在 P4VP-PolyTDA 涂覆层中的扩散速率慢于 CHCl₃,且与 P4VP-PolyTDA 相互作用也弱,从而造成的 P4VP-PolyTDA 色变也弱于 CHCl₃。

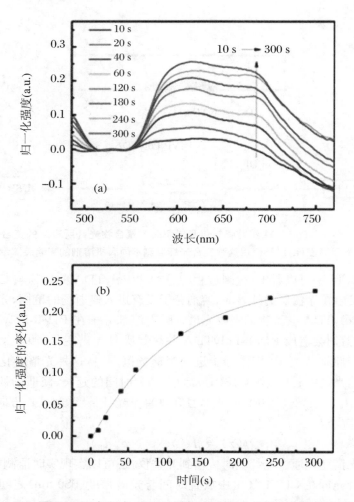

图 4.18   置于 CHCl₃ 气氛中,不同时间条件下,复合光纤中传输光谱(a),以及 680 nm 处光强变化与放置时间的关系(b)

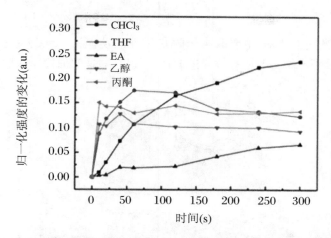

图 4.19　不同有机溶剂气氛中，复合光纤传输光谱中 680 nm 处强度与复合光纤放置时间之间的关系

4.2.3　U 形聚合物传感光纤及其对 TNT 的检测

相比石英光纤传感器，聚合物光纤（POF）传感器具有以下优点：

（1）聚合物光纤芯径大，一般可达 0.3～1 mm，数值孔径（NA）大，为 0.3～0.5。因此，聚合物光纤与光源和接收器件的连接简便（可以直接使用注塑成型的连接器），耦合效率高，导致检测系统的成本低。

（2）聚合物材料容易化学修饰和引入不同有机材料，给相应的传感材料带来多样性。

（3）与生物材料兼容，用于活体传感安全性好。

（4）材料的温度和力学敏感性高，抗断裂强度高。目前，聚合物光纤传感器已经广泛应用于各种传感场合[45]。

在各种传感器中，用于快捷检测低浓度硝基苯类化合物（NACs），特别是 2,4,6-三硝基甲苯（TNT）、2,4-二硝基甲苯（DNT）的荧光传感器灵敏度高，可采集信号丰富（如荧光强度、荧光光谱形貌、荧光各向异性、荧光寿命等），而且仪器设计相对成熟，类型包括均相荧光传感器、薄膜荧光传感器和光纤荧光传感器[46,47]。

候逝场型 POF 传感器的原理如图 4.20 所示（见附页彩图）。传输光的候逝场会进入含有荧光染料的包层、激发染料，并向四周发射荧光。荧光染料分子产生的荧光强度为[48]

$$I_f = (I_0^s + I_0^p)K \int c(z)\varphi(c)\exp(-z/d_p^f)dz \qquad (4.7)$$

$$d_{p}^{f} = \frac{d_{p}\varepsilon^{-1}}{(d_{p} + \varepsilon^{-1})} \tag{4.8}$$

其中，K 是荧光收集效率，主要取决于收集元件的功能；$c(z)$ 是荧光染料的浓度；$\varphi(c)$ 是荧光量子产率；d_{p}^{f} 是有效倏逝波透射深度；ε 是朗伯比尔吸收系数。

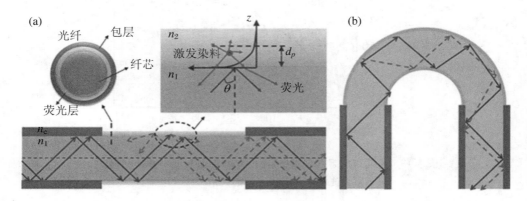

图 4.20　倏逝场型 POF 光纤荧光传感器原理(a)和 U 形 POF 光纤光传输原理(b)的示意图

假设荧光分子的浓度、吸收系数、荧光量子产率都是恒定的，由式(4.7)可以得出下面的结论：

（1）折射率 n_1 和 n_2 均为定值，则在相同的入射光条件下，θ 取值越大，荧光强度则越低，即在一定的范围内，I_{f}^{p} 同 θ 成反比关系。对于 U 形光纤而言，由于曲率的存在，在 θ 较小的角度内也有取值，即 U 形光纤可以激发出更多的荧光。

（2）在传感光纤结构固定的情况，即 θ 和 n_1 值均固定，在相同的入射光条件下，环境或包层折射率 n_2 在有效范围内的数值越大，荧光强度越大。

依据上述原理设计的一种 U 形 POF 荧光传感器系统如图 4.21(a)所示。系统由激发光源(405 nm LED 激光器)、U 形聚合物传感光纤和微型光纤光谱仪(多色仪，USB4000)构成。LED 激光器发出的蓝光由透镜耦合入光纤中，激发传感部分产生荧光，荧光经过耦合进入光纤，并在另一端经连接器直接进入光谱仪。系统的数据采集通过 U 形聚合物传感光纤完成，既可以检测液体样品，也可以对挥发性的气体样品进行检测。这一光纤传感系统可以实现对样品的远距离测量。仪器结构简单，体积小，重量轻，适合在野外使用。系统的核心材料是 U 形聚合物传感光纤。

制作 U 形聚合物传感光纤可以采用光镀方法。光镀方法是采用光纤传输光的倏逝场引发光镀液在光纤表面进行"点击"聚合，并在光纤表面形成交联聚合物薄膜的新技术[49]。这种方法的特点是速度快，聚合物薄膜的化学成分和结构可控。

检测 TNT 的 U 形聚合物传感光纤的制备过程包括下面两个步骤：

（1）配置光镀溶液。以四氢呋喃为溶剂，先后加入一定量的烯丙基卟啉

（Allylporphyrin）、八乙烯基笼型聚倍半硅氧烷（POSS-V8）；1,6-己二硫醇和安息香二甲醚（2,2-dimethoxy-1,2-diphenylethan-1-one，DMPA），最后得到淡紫色溶液。

（2）将 365 nm 激发光耦合到 U 形 POF，之后 U 段浸入光镀溶液。10 s 后取出 U 段，异丙醇洗涤后用氮气吹干待用。

制作过程中注意：控制 THF 对 POF 腐蚀的程度；"点击"反应速度较快，光镀聚合反应时间可以减少到 10 s 以内；U 形 POF 容易受到剪切力的破坏，需尽快用异丙醇洗去溶剂四氢呋喃，并用氮气吹干后固定在 PMMA 基底支撑架上。

得到的 U 形 POF 传感光纤可以用于图 4.21(a)所示的传感系统。在饱和的 TNT 蒸气环境（浓度为 5×10^{-3} mg·kg^{-1}）下，光纤光谱仪收集到的荧光光谱强度随时间延长而逐渐下降，显示出明显的荧光淬灭现象。在图 4.22 中，传感器对 TNT 的响应在 30 s 时荧光淬灭率为 37.5%，300 s 时荧光淬灭率为 61.6%。荧光淬灭的快慢变化可能和光镀膜的多孔结构有关。

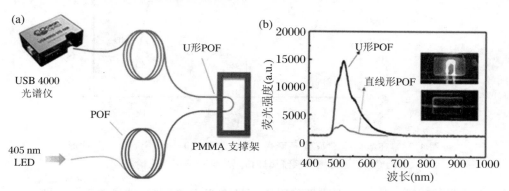

图 4.21　U 形 POF 荧光传感器系统的示意图(a)和 U 形 POF 传感光纤和直线型 POF 传感光纤分别作为荧光探头测试 3,4,9,10-苝四羧酸钾水溶液所获得的荧光谱和实物照片(b)

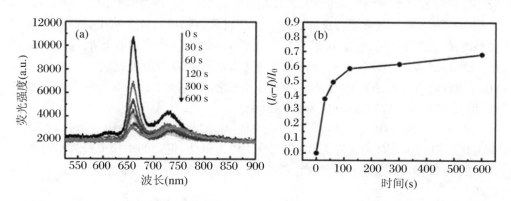

图 4.22　在饱和的 TNT 蒸气环境（浓度为 5×10^{-3} mg·kg^{-1}）下，U 形 POF 荧光传感器系统检测到的荧光光谱(a)和最大发射强度随检测时间延长而变化的曲线(b)

　　TNT 和卟啉环之间的强烈作用使得传感器自发恢复其初始响应性能所需要的时间很长。通常在每次检测完 TNT 后,将 U 形聚合物传感光纤探针用异丙醇清洗,氮气吹干后,即可重复使用。图 4.23 给出的结果表明:在循环使用过程中,U 形聚合物传感光纤探针的荧光淬灭性能都是一致的,异丙醇的清洗并不破坏传感器和传感材料的结构。与已报道的各种光纤传感器系统相比,U 形 POF 荧光传感器系统具有制备工艺简单,功能薄膜的化学结构、孔径结构可控和良好的光热稳定性等优点。

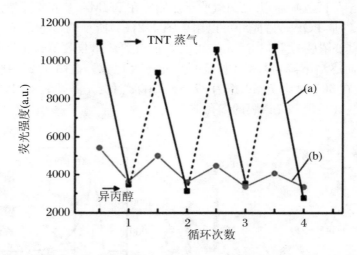

图 4.23　在饱和的 TNT 蒸气环境(浓度为 5×10^{-3} mg·kg^{-1})下,U 形 POF 荧光传感器系统循环使用的荧光强度变化情况

　　光镀(Photo-plating)方法是采用倏逝场作为光源,在光波导表面形成聚合物薄膜的方法。倏逝场作为引发光源仅在平面波导条件下实现过[50]。对于表面积较小的光纤探针而言,初步的研究工作是在外径尺寸较大的塑料光纤上进行,以尽量获得有较大表面进行聚合反应。这一方法将聚合物可以分子水平裁剪的性质与材料的波导性质相结合,既可以在塑料光纤表面进行,也可以在玻璃光纤表面进行。图 4.24 给出了在玻璃光纤表面进行光镀前后的表面形貌比较[51]。光镀之前(图 4.24(a)),光纤表面相对光滑,平整;光镀之后(图 4.24(b)),光纤表面仍然平整,但形成了多孔结构,膜孔径为 1～2 μm。

　　光镀层的聚合物化学结构可以针对传感对象进行设计。选用对爆炸物(硝基苯类化合物)有响应(荧光淬灭)的荧光分子作为单体,得到的玻璃光纤探针能够在众多的有机溶剂气氛中检测到 TNT 等爆炸物的存在。部分实验结果见图 4.25[51]。

　　杂化光纤作为一种新型复合型波导材料,在光的驾驭方面表现出特有的性质[1]。制作杂化光纤的方法也有很多报道。例如,制备聚合物-玻璃复合光纤的方

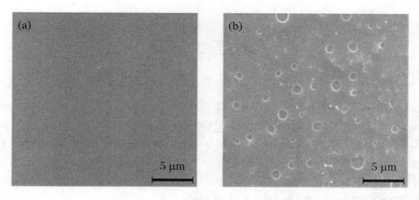

图 4.24　玻璃光纤表面在光镀前(a)和光镀后(b)表面形貌的扫描电子显微镜照片对比

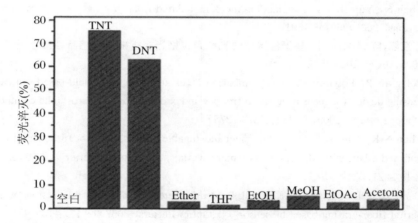

图 4.25　光镀方法制备的玻璃光纤传感器置于 TNT、DNT、乙醚、四氢呋喃、乙醇、甲醇、乙酸乙酯、丙酮饱和蒸汽中 5 min 后的荧光淬灭效率比较

法就包括：涂覆[8]、化学反应[9]、化学沉积[10]、微孔灌注[11]、界面层的化学刻蚀[3]、以及静电组装[12]和光纤端头处的光引发聚合[13]等等。光镀技术带来一种快速、结构可控的制备复合光纤的新方法。通过改变前驱溶液的配方，这一光镀方法可以获得各种不同的光纤探针。例如，采用聚集诱导发光分子代替普通荧光分子，直接在玻璃光纤锥表面光镀，也可以获得检测硝基化合物的复合光纤锥型探针[51]。这种普适方法可以用于制备各种功能的复合光纤，已成为发展光纤探针材料及其器件的基础性技术。

参 考 文 献

［1］ Schmidt M A，Argyros A，Sorin F. Hybrid optical fiber：An innovative platform for in-fiber photonic devices［J］. Advanced Optical Materials，2016，4：13-36.

［2］ Daum W，Krauser J，Zamzow P E，et al. POF—polymer optical fibers for data communication［M］. Berlin：Springer，2002.

［3］ Zhou K，Chen X，Lai Y，et al. In-fiber polymer-glass hybrid waveguide Bragg grating［J］. Optics Letters，2008，33(15)：1650-1652.

［4］ 赵凯华. 新概念物理教程，光学［M］. 北京：高等教育出版社，2004：286-289.

［5］ Chen N，Yun B，Cui Y. Cladding index modulated fiber grating［J］. Optics Communications，2006，259：587-591.

［6］ 恽斌峰，陈娜，崔一平. 基于包层模的光纤布拉格光栅折射率传感特性［J］. 光学学报，2006，26(7)：1013-1015.

［7］ Polynkin P，Polynkin A，Peyghambarian N，et al. Evanescent field-based optical fiber sensing device for measuring the refractive index of liquids in microfluidic channels［J］. Optics Letters，2005，30(11)：1273-1275.

［8］ Chen N K，Chi S，Tseng S M. Wideband tunable fiber short-pass filter based on side-polished fiber with dispersive polymer overlay［J］. Optics Letters，2004，29(19)：2219-2221.

［9］ Chen X，Zhang L，Zhou K，et al. Real-time detection of DNA interactions with long period fiber-grating-based biosensor［J］. Optics Letters，2007，32(17)：2541-2543.

［10］ Corres J M，I del Villar，Matias I R，et al. Fiber-optic pH-sensors in long-period fiber gratings using electrostatic self-assembly［J］. Optics Letters，2007，32(1)：29-31.

［11］ Westbrook P S，Eggleton B J，Windeler R S，et al. Cladding-mode resonances in hybrid polymer-silica microstructured optical fiber gratings［J］. IEEE Photon. Tech. Lett.，2000，12(5)：495-497.

［12］ Wang X，Cooper K L，Wang A，et al. Label-free DNA sequence detection using oligonucleotide functionalized optical fiber［J］. Applied Physics Letters，2006，89(16)：163901.

［13］ Ton X A，Bui B T S，Resmini M，et al. A versatile fiber-optic fluorescence sensor based on molecularly imprinted microstructures polymerized in situ［J］. Angewandte Chemie International Edition，2013，52(32)：8317-8321.

［14］ Stuart M A C，Huck T S W，Genzer J，et al. Emerging applications of stimuli-responsive polymer materials［J］. Nature Materials，2010，9(2)：101-113.

［15］ Gil E S，Hudson S M. Stimuli-responsive polymers and their bioconjugates［J］. Progress in Polymer Science，2004，29(12)：1173-1222.

[16] Luo Y H, Zhang Q J. Azobenzene containing polymers: Fundamentals and technical applications[M]//Advances in Condensed Matter and Materials Reseach. 7 ed. New York: Nova Science Publishers, 2010.

[17] Azttar Y, Zaouk D, Bechara J, et al. Fabrication and characterization of an evanescent wave fiber optic sensor for air pollution control[J]. Materials Science and Engineering, B, 2000, 74: 296-298.

[18] Beall G W, Murugesan S, Galloway H C, et al. Molecular modeling, and synthesis of polymers for use in applications requiring a low-k dielectric[J]. Polymer, 2005, 46(25): 11889-11895.

[19] Bruma M, Fitch J W, Cassidy P E. Hexafluoroisopropylidinene-containing polymers for high-performance applications[J]. Journal of Macromolecular Science Part C, 1996, 36 (1): 119-159.

[20] 田秀杰. 偶氮苯聚合物石英复合光纤的制备及其光调制性质研究[D]. 合肥: 中国科学技术大学, 2012: 38.

[21] Xu J, Chen B, Zhang Q J. Prediction of refractive indices of linear polymers by a four-descriptor QSPR model[J]. Polymer, 2004, 45(26): 8651-8659.

[22] Tian X J, Cheng X S, Wu W X, et al. Reversible all-optical modulation based on evanescent wave absorption of a single-mode fiber with azo-polymer overlay[J]. IEEE Photon. Tech. Lett., 2010, 22: 1352-1354.

[23] Eickhoff W. In-line fiber-optic polarizer[J]. Electron. Lett., 1980, 16(20): 762-764.

[24] Zhu R, Wei Y, Scholl B, et al. In-line optical-fiber polarizer and modulator coated with Langmuir-Blodgett-film[J]. IEEE Photo. Technol. Lett., 1995, 7(8): 884-886.

[25] Loannidis Z K, Giles I P, Bowry C. Liquid crystal all-fiber optical polariser[J]. Electron Lett., 1988, 24(23): 1453-1455.

[26] Bergh R A, Lefevre H C, Shaw H J. Single-mode fiber-optic polarizer[J]. Opt. Lett., 1980, 5(11): 479-481.

[27] Wei L, Alkeskjold T T, Bjarklev A. Compact design of an electrically tunable and rotable polarizer based on a liquid crystal photonic bandgap fiber[J]. IEEE photon. Technol. Lett., 2009, 21(21): 1633-1635.

[28] Ertman S, Wolinski T R, Pysz D, et al. Low-loss propagation and continuously tunable birefringence in high-index photonic crystal fibers filled with nematic liquid crystals[J]. Opt. Express, 2009, 17(21): 19298-19310.

[29] Wu Y L, Ikeda T, Zhang Q J. Three-dimensional manipulation of an azo polymer liquid crystal with unpolarized light[J]. Advanced Materials, 1999, 11(4): 300-302.

[30] Tian X J, Cheng X S, Qiu W W, et al. Optically tunable polarization state of propagating light at 1550 nm in an etched single-mode fiber with azo-polymer overlay[J]. IEEE Photon. Tech. Lett., 2011, 23: 170-172.

[31] Cui M X, Tian X J, Zou G, et al. Composite optical fiber polarizer with ternary copolymer overlay for large range modulatin of phase difference[J]. Optical Materials, 2017, 66: 415-421.

[32]　Hardie R C. Polarization vision: Drosophila enters the arena[J]. Current Biology, 2012,22:12.

[33]　Dacke M,Nilsson D E,Scholtz C H, et al. Insect orientation to polarized moonlight[J]. Nature, 2003,424(6944):33.

[34]　Sauman I,Briscoe A D,Zhu H S, et al. Connecting the navigational clock to sun compass input in monarch butterfly brain[J]. Neuron, 2005,46:457.

[35]　Homberg U, Heinze S, Pfeiffer K, et al. Central neural coding of sky polarization in insects[J]. Philosophical Transactions of the Royal Society B: Biological Sciences, 2011,366(1565):680.

[36]　Labhart T. Polarization-opponent interneurons in the insect visual system[J]. Nature, 1988,331:435-437.

[37]　Gu Y, Cao W Q,Zhu L, et al. Polymer mortar assisted self-assembly of nanocrystalline plydiacetylene bricks showing reversible thermochromism[J]. Macromolecules, 2008, 41:2299-2303.

[38]　Song J,Cheng Q, Kopta S, et al. Modulating artificial membrane morphology: pH-induced chromatic transition and nanostructural transformation of a bolaamphiphilic conjugated polymer from blue helical ribbons to red nanofibers[J]. J. Am. Chem. Soc., 2001,123:3205-3213.

[39]　Tashiro K, Nishimura H, Kobayashi M. First success in direct analysis of microscopic deformation mechanism of polydiacetylene single crystal by the X-ray imaging-plate system[J]. Macromolecules, 1996,29:8188-8196.

[40]　Lee J,Kim H, Kim J. Polydiacetylene liposome arrays for selective potassium detection [J].J. Am. Chem. Soc., 2008,130:5010-5011.

[41]　Nava A D,Thakur M, Tonelli A E. ^{13}C NMR structural studies of a soluble polydiacetylene poly(4BCMU)[J].Macromolecules, 1990,23:3055-3063.

[42]　Niwa M, Ishida T, KatoT, et al. Polyion-complexed assemblies of diacetylenic carboxylic acid with triblock polyamine carrying a boronic acid-functionalized segment[J]. J. Mater. Chem.,1998, 8:1697-1701.

[43]　Tian X J , Wu S, Zou G, et al. Colorimetric sensor for fine differentiation of organic solvents based on only one kind of polydiacetylene coated on polymer optical fiber[J]. IEEE Sensors Journal, 2012,12(6):1946-1949.

[44]　Wu S, Shi F,Zhang Q J, et al. Stable hydrogen-bonding complexes of poly(4-vinylpyridine) and polydiacetylenes for photolithography and sensing[J].Macromolecules, 2009, 42:4110-4117.

[45]　Peters K. Polymer optical fiber sensors:A review[J]. Smart Materials and Structures, 2011,20:013002.

[46]　Beyazkilic P, Yildirim A, Bayindir M. Formation of pyrene excimers in mesoporous ormosil thin films for visual detection of nitro-explosives[J]. ACS applied materials & interfaces, 2014,6(7):4997-5004.

[47]　Nie H,Zhao Y, Zhang M, et al. Detection of TNT explosives with a new fluorescent

conjugated polycarbazole polymer [J]. Chemical Communications，2011，47（4）：1234-1236.

[48]　Ramsden J J. Optical biosensors[J]. Journal of Molecular Recognition，1997，10（3）：109-120.

[49]　Ma J J，Lv L，Zou G，et al. Fluorescent porous film modified polymer optical fiber via "click" chemistry：stable dye dispersion and trace explosive detection[J]. ACS Applied Materials & Interfaces，2015，7：241-249.

[50]　Fuchs Y，Linares A V，Mayes A G，et al. Ultrathin selective molecularly imprinted polymer microdots obtained by evanescent wave photopolymerization[J]. Chemistry of Materials，2011，23(16)：3645-3651.

[51]　Liu F K，Cui M X，Ma J J，et al. An optical fiber taper fluorescent probe for detection of nitro-explosives based on tetraphenylethylene with aggregation-induced emission[J]. Optical Fiber Technology，2017，36：98-104.

第 5 章　光响应性偶氮苯聚合物

按照偶氮基团上的取代基团的不同,偶氮化合物可以分为脂肪族和芳香族两类。脂肪族偶氮化合物在常温常压下的稳定性较低,容易发生分解。例如:自由基聚合中常使用脂肪族偶氮化合物作为自由基引发剂。芳香族偶氮化合物则是稳定的,最为常见的是偶氮类染料,曾广泛用于纺织物品的着色。从化学结构上看,偶氮基团为平面结构,当两个取代基团处于这一平面的同一侧时,称之为顺式结构;而当两个取代基团处于这一平面的两侧时,称之为反式结构。在常温、常压条件下,稳定的芳香族偶氮化合物(常简称为偶氮苯化合物)同分异构体之间的转化机理曾经是一个非常活跃的研究领域,给偶氮苯聚合物光响应性质的研究和应用提供了坚实的基础[1]。

从构型变化的角度来看,偶氮苯异构反应的特点之一是可以通过光辐照完成,称之为光致顺反异构反应。光致异构反应可以可逆地进行,即使用反式异构体的吸收光进行辐照,可以使反式异构体转变为顺式异构体;使用顺式异构体的吸收光进行辐照,可以使顺式异构体转变为反式异构体。通常在常温、常压条件下,偶氮苯多以反式异构体稳定存在。所以,使用反式异构体的吸收光进行辐照,产生的顺式异构体不稳定,会自发回到反式异构体,得到可逆的循环反应。值得指出的是:顺式异构体的内能高于反式异构体的内能,在回到反式异构体的同时,这一部分能量会以热的形式释放出来,在进行光致顺反异构的部位产生局部温度上升[2,3]。在偶氮苯聚合物制备光子器件时,这一热效应会成为影响性能的因素之一。

光致异构反应给偶氮苯分子带来拓扑变化,即在保持化学组成的同时,偶氮苯分子的形状以及与偶氮苯分子形状密切相关的物理量(如偶极矩)会发生变化。在溶液条件下,这些变化会影响到偶氮苯分子的吸收光谱,给偶氮苯光致异构反应的机理研究提供了有效的观察途径。在凝聚态条件下,这些变化会给偶氮苯聚合物带来很多应用性质。这些应用的主要来源是反式偶氮苯分子是一个液晶基元,即反式偶氮苯分子的形状是具有一定轴径比(将偶氮苯看成一圆棒状分子,分子长度和直径的比值)的分子,在凝聚过程中会出现一个部分有序的液晶态。液晶态聚合物的详细介绍可见相关专著[4]。有趣的是,顺式偶氮苯分子呈椭球形,但其轴径比已经不符合液晶基元的要求,即顺式偶氮苯分子不是液晶基元。这一光致分子形状变化给偶氮聚合物,特别是偶氮液晶聚合物带来两个基本性质:光致相转变和光致取向。

　　将偶氮苯基团引入聚合物结构可以得到偶氮苯聚合物。这类聚合物通常分为两类：一类是主链型；另一类是侧链型。主链型偶氮苯聚合物是指偶氮苯基团是聚合物主链的结构单元之一。对于这类聚合物，偶氮苯基团的光响应会引起聚合物主链的运动，使偶氮苯基团的光响应转变为聚合物材料的光响应。侧链型偶氮聚合物是指将偶氮苯基团作为取代基团连接到聚合物主链上的一类聚合物，主要由聚合物主链、连接聚合物主链和偶氮苯基团的连接链（常称为间隔基团，相应的英文为 spacer）和偶氮苯基团三个部分构成。这样一种侧链结构既保持了聚合物链的柔韧性质，又保留了偶氮基团的光响应特性，因而成为在聚合物材料中引入光响应偶氮苯基团的常用方法。侧链型偶氮苯聚合物是否具有液晶性质，还会受到聚合物主链和连接链的影响[5]。按照连接基团的长短，侧链型偶氮苯聚合物可以分为液晶型偶氮苯聚合物和无定型偶氮苯聚合物[6]。无论在哪种凝聚条件下，稳定反式偶氮苯都会给处于凝聚状态下的聚合物带来各向异性，使其成为一类具有光响应性质的刺激响应性材料，包括光致取向和光致相转变两种行为。前者是从无定型聚合物转变到各向异性聚合物，后者是从各向异性聚合物转变到各向同性聚合物。最简单的光致相转变就是从液晶相转变到各向同性相。对于液晶型偶氮苯聚合物来说，可以在经过取向处理的载片上成膜，获得聚合物液晶薄膜。值得指出的是：如果载片未经过取向处理，那么由于动力学原因，液晶型偶氮苯聚合物只能形成多相筹液晶构成的宏观薄膜，即由许多微米量级的液晶相构成的薄膜。要得到大面积的单一轴向的液晶相薄膜，通常需要将载片进行取向处理，比如在载片的表面进行单向摩擦处理。

　　对液晶型偶氮苯聚合物薄膜进行光照（采用的光源波长处于偶氮苯吸收波长范围），聚合物薄膜中的偶氮苯基团会发生光致异构反应，从稳定的反式异构体转变为较不稳定的顺式异构体，相应地，聚合物薄膜具有的液晶相转变为各向同性相。光照停止后，经过一段时间，顺式偶氮苯又会回到反式偶氮苯。由于反式偶氮苯基团是液晶基元，一个基本科学问题是：随着顺式偶氮苯回到反式偶氮苯，液晶相是否也会恢复？实验上对此问题的回答发表在 1995 年，结果表明：液晶相并不会恢复，并将此现象定义为液晶型偶氮聚合物的光化学相转变或光致相转变[7]。在凝聚态结构中，偶氮苯基团的光致异构过程会伴随着偶氮苯分子的非定向运动，光照停止后，偶氮苯基团的液晶相互作用无法克服凝聚态对其形成液晶相的阻碍，造成偶氮苯基团无法回到光照前的液晶态。这一光致相转变性质可以用于液晶型偶氮聚合物的光存储，其具有相转变所特有的热力学稳定性，且存储信息可以长时间保存[7]。

　　由第 1 章光吸收过程的分析可知，光吸收过程受到两个因素的影响：一是光的能量（由光的波长决定）；二是光的电矢量与分子偶极之间的夹角。两矢量平行时吸收最强，垂直时则没有吸收。从这一光吸收性质出发，采用偏振光（波长处于吸收范围）照射无定型偶氮苯聚合物，可以使得各向同性的聚合物转变为各向异性的聚合物,这一过程称为光致取向[8]。对于已经有取向的液晶型偶氮苯聚合物,偏振光照射则会使液晶取向轴转向与偏振光电矢量垂直的方向,发生再取向[9]。众所周知,光波是横波,即光波的电矢量是垂直于光的传播方向的。从三维角度来看,当光通过材料时,垂直于光的电矢量方向还应该包括光的前进方向。如果采用圆偏光对偶氮聚合物进行照射,则在垂直于光照方向的平面内,偶氮苯基团会始终处于光活性状态,并始终进行光致异构反应而不会停止运动。只有当偶氮苯基团的偶极垂直于偏振方向,即平行于光照方向的,光致异构才会停止,偶氮苯基团的光致运动停止,造成偶氮苯基团在平行于光照方向取向,称之为面外取向。实验证明:完成这一光致取向过程的关键点是偶氮苯基团上没有极性取代基团,避免偶氮苯基团与载片之间存在强相互作用而不能面外取向。使用具有二维取向的偶氮苯聚合物作为材料,采用这一设想能够在实验上获得具有三维取向的偶氮苯聚合物材料[10]。

　　偶氮苯聚合物的光致相转变和光致取向,不仅给偶氮聚合物的基础研究带来了丰富的内容,例如转变过程的基本规律和相关控制因素的探索[11-17],同时还给偶氮苯聚合物带来各种光响应性质及其各种衍生性质,实现了从分子性质到材料功能的转变[18]。例如光存储[19]、光调制[20,21]、光致物质迁移[22-23]、光致形状变化[24-27]、光传感[28]、光致药物释放[29]及各种组装体(胶束,囊泡等)的光响应[30-32]等等。面对如此丰富的研究内容,深入的介绍和综述可以参见所列出的参考文献。本章内容仅限于作者所在实验室完成的光响应偶氮苯聚合物的结构、性质和性能方面的相关研究。将偶氮苯聚合物的光响应性质与光波导结构相结合的工作则可参见第4章的内容。

5.1　偶氮苯聚合物的光存储

　　光信息存储(简称光存储)是一种采用光完成写入、读取和擦除的信息存储技术,具有存储密度高、存储寿命长、非接触式读/写和擦除、信噪比高等特点[33]。光存储包括两类:一类是图像存储;另一类是数据存储。使用能够在分子水平进行光致异构反应的分子材料作为信息存储介质,原理上存储精度可以达到分子水平。而在宏观材料层面上,光存储主要通过材料的光响应性质来完成,数据或图像存储的存储质量(存储点的尺寸,分辨率和信噪比等)会受到光的波长、光斑性质、存储材料的均匀性等诸多因素的影响。尽管光致相变材料获得的图像可以长时间保存,要通过光致相变形成的存储点具有小的尺寸和大的分辨率,仍然是光存储领域的挑战性课题。相关研究包括两个方面:一是通过材料设计,使得存储点越来越小,目标是分子水平存储;二是通过材料结构(包括化学结构和凝聚态结构)对光的驾驭程度不同来提高存储点之间的灰度区别,即提高分辨率。

　　利用偶氮苯聚合物作为存储材料的原理是基于偶氮苯分子的光致异构化。在采用线性偏振光来刻写时,偶氮苯分子会通过光致异构化在垂直于刻写光电矢量方向发生取向,产生光致取向,形成宏观材料的双折射。双折射的绝对值越高,光存储的灰度维数就会提高。由此可见,获得较高光致双折射是获得高密度光存储的前提条件之一[34]。另一方面,从分子水平分析可知:光致取向过程中包含着快速(速率常数约为 $0.2 \, s^{-1}$)顺式偶氮苯到反式偶氮苯的异构反应。在刻写光撤除(关闭刻写光源)时,这一可逆异构化过程的动态性质会造成材料中形成的双折射发生弛豫,降低获得的刻写点的双折射[35]。这一弛豫过程会直接影响到使用偶氮聚合物进行光存储的存储速率和存储密度,如何从分子水平控制这一弛豫过程也是偶氮聚合物研究中的基础性课题[36]。针对上述两方面的问题,一种既能提高双折射数值,又能克服光致双折射的弛豫现象的新型偶氮聚合物得到了研究[37]。

5.1.1　偶氮苯聚合物的四维光存储

　　最初的设计思想是,借助于偶氮苯基团间形成的氢键进行分子组装来获得双偶氮苯基团,加长偶氮苯基团轴径比,以获得更高的双折射。使用组装方法制备偶氮聚合物的方法可以归为三个类型,具体内容如图 5.1 所示。从中可以看出,第三种方法可以使侧链型偶氮聚合物与另一个偶氮基团进行组装,从而形成含有双偶氮苯基团的侧链型双偶氮苯聚合物。实验中,采用吡啶偶氮聚合物(poly(6-(4-(pyridin-4-yldiazenyl) phenoxy) hexyl methacrylate), pAzopy)和羟基偶氮苯(4-((4-hydroxyphenyl) diazenyl) benzonitrile, AzoCN)构成组装体系,通过氢键组装得到的组装聚合物(pAzopy/(AzoCN)$_x$)的结构示意图如图 5.1 所示。这种组装聚合物薄膜的凝聚态结构可以通过 X-射线衍射(XRD)的方法进行分析。图 5.2(a)是 pAzopy、AzoCN 和不同含量 AzoCN 形成的组装聚合物的 XRD 曲线。从中可以看出:pAzopy 并没有出现任何衍射峰,即说明 pAzopy 薄膜处于无定形状态。AzoCN 和 pAzopy/(AzoCN)$_x$ 的 XRD 曲线中都出现了衍射峰。根据 Bragg 公式进行计算,AzoCN 的周期为(6.6 ± 0.1) nm,而 pAzopy/(AzoCN)$_x$ 的周期为(7.1±0.1) nm。很显然,AzoCN 和 pAzopy/(AzoCN)$_x$ 的周期是不同的。这表明:pAzopy/(AzoCN)$_x$ 的衍射来自于新的重复结构单元,而不是那些可能存在的游离的 AzoCN。采用分子力学模型(MM2 模型),可以得到 AzoCN 和 pAzopy 的侧基长度分别为 1.37 nm 和 2.20 nm。通过侧基长度的数值与衍射周期的比较,发现在超分子双偶氮苯聚合物中,氢键给体与受体最可能按照层状结构进行堆积。考虑到组装聚合物侧基的伸直长度为 7.14 nm,与 pAzopy/(AzoCN)$_x$ 的衍射周期((7.1±0.1) nm)接近,所以推测超分子双偶氮苯聚合物的侧基在凝聚过程中堆积形成了层状紧密堆积的结构。图 5.2(b)和(c)是偶氮苯基团两种最可能的堆积结构。如图 5.2(b)所示,在双偶氮苯聚合物的组装体中,聚合物侧基和聚合物主链形成了交替的层状结构,每个周期是按侧基-主链-侧基的顺序进行排列;图 5.2(c)则表明组装聚合物形成了梳状双层结构,每个周期是按主链-侧基-侧基-主链的顺序进行排列。值得指出的是:对于通过溶液制膜方法得到的样品的凝聚态结构,上述 XRD 分析只是探测到了有序部分的结构特征,大量的聚合物链和侧基仍然处于部分有序和无序的状态。采用偏光显微镜观察薄膜的有序结构,结果表明(图 5.3):pAzopy 是一个无定形的偶氮聚合物,在偏光显微镜下,pAzopy 是全黑的;AzoCN 在偏光显微镜下形成了 10 μm 到 40 μm 的球晶状的结构;pAzopy/(AzoCN)$_x$(x = 0.25, 0.5, 0.75, 1.0)自组装形成了很多尺寸为 1 μm 左右、部分有序的蠕虫状的结构。

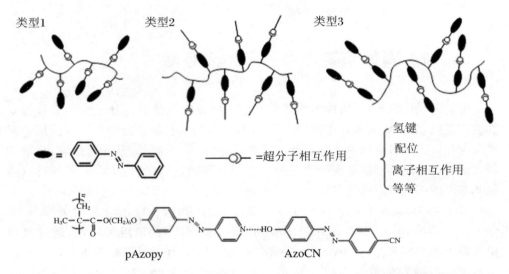

图 5.1　采用组装方法制备偶氮聚合物的三种方法和一种新型双偶氮聚合物的化学结构示意图。双偶氮苯聚合物由侧链型吡啶偶氮苯聚合物(pAzopy)与羟基偶氮苯(AzoCN)通过氢键组装形成[37]

已有研究工作表明:光致取向能够使双偶氮苯聚合物薄膜获得比单偶氮聚合物薄膜较大的双折射[6,38]。使用组装聚合物薄膜的实验结果(图 5.4(a))表明:随着羟基偶氮基团的含量增加,双偶氮苯聚合物薄膜的双折射确实是不断增加的。图5.4(b)的数据处理进一步表明:随着羟基偶氮苯的含量增加,不仅双折射的绝对值增加,双折射的保留值(最终双折射数值占光源关闭前的饱和双折射的百分比)也是增加的。特别值得关注的是:当羟基偶氮含量超过 25%-mol 时,保留值超过了 100%,即薄膜的双折射绝对值不减反增。这一特殊现象与已经报道的光致双折射研究结果不同[36]。这一种反向弛豫现象有助于偶氮苯聚合物光致双折射的稳定性,有助于提高存储密度的提高。

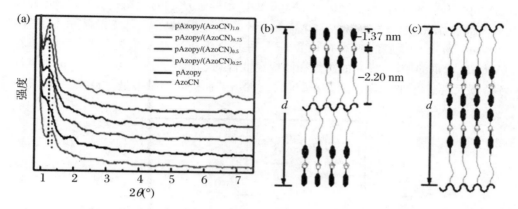

图 5.2 偶氮聚合物(pAzopy)、组装聚合物(pAzopy/(AzoCN)$_x$(x = 0.25,0.5,0.75,1.0))和偶氮苯分子(AzoCN)薄膜的 X-射线衍射图(a),以及组装聚合物中偶氮苯基团的堆积模型示意图(b)和(c)[37]

图 5.3 pAzopy,pAzopy/(AzoCN)$_x$(x = 0.25,0.5,0.75,1.0)和 AzoCN 薄膜的偏光显微镜观察

　　从图 5.3(a)可以看出,在室温下,均聚物 pAzopy 处于典型的无定型状态,而不形成偶氮基元相互作用产生的液晶态。这一结果说明:聚合物链的柔性在凝聚过程中处于主导地位,而较大侧基只能进一步降低聚合物的玻璃化转变的温度 T_g,造成此类聚合物的光致取向不稳定[6]。与此不同的是,pAzopy 与 AzoCN 的共混体系则显现出液晶相的形成,如图 5.3(c)～(e)所示。使用激光直写系统在双

偶氮苯聚合物薄膜上刻写微结构,得到图 5.5 所示的结果。从中可以看出:在 pAzopy/(AzoCN)$_{0.5}$ 和 pAzopy/(AzoCN)$_{1.0}$ 薄膜上形成的光栅(在放置一天后),依然非常清晰;在 pAzopy/(AzoCN)$_{0.25}$ 薄膜上形成的光栅则变得模糊不清;在 pAzopy 薄膜上形成的光栅在放置一天后完全消失。这一实验结果表明,随着 AzoCN 含量的增加,样品的图像存储稳定性得到了提高。这一点与在图 5.3 中看到的光致双折射的稳定性随 AzoCN 含量的增加而提高的结果是一致的。

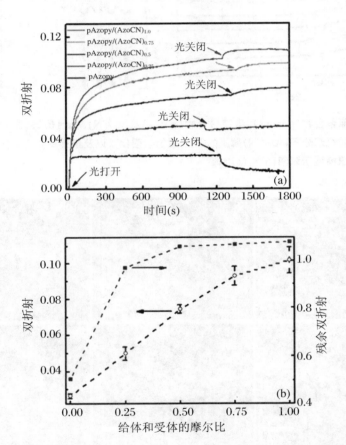

图 5.4　pAzopy 和 pAzopy/(AzoCN)$_x$ (x = 0.25, 0.5, 0.75, 1.0)薄膜的光致双折射(a);吡啶偶氮苯基团和羟基偶氮苯基团的摩尔比与光致取向产生的瞬态双折射和稳态双折射的关系(b)[37]

采用具有这种光致双折射稳定性的薄膜,通过激光直写,可以获得包含光强、偏振方向和平面二维的四维光存储图案。图 5.6(b)~(g)是四维光存储图案在载物台上不同旋转角度下的偏光显微镜照片。四维光存储图案的不同区域的刻写光强和偏振状态是不同的。用通常的刻写方式,一个刻写点只有"0"和"1"两种状态。但是在 pAzopy/(AzoCN)$_{1.0}$ 上刻写的四维光存储图案的存储点却不同。对于一个存储点，偏振方向只要改变 $3°$，就能够被区分。

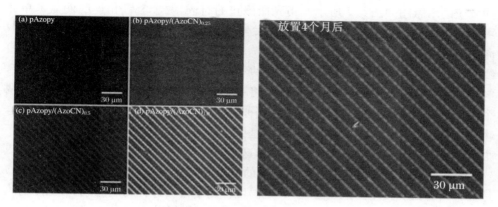

图 5.5 在（a）pAzopy，（b）pAzopy/（AzoCN）$_{0.25}$，（c）pAzopy/（AzoCN）$_{0.5}$ 和（d）pAzopy/（AzoCN）$_{1.0}$ 薄膜上获得激光直写光栅的偏光显微镜照片（左）和放置 4 个月后 pAzopy/（AzoCN）$_{1.0}$ 薄膜光栅的偏光显微镜照片（右）

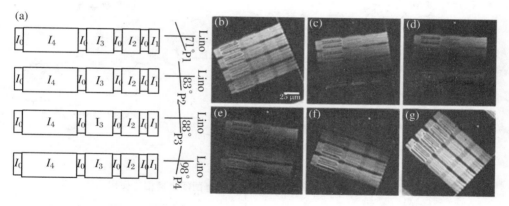

图 5.6 使用 5 种不同光强（$I_0 = 2\,mW$，$I_1 = 4\,mW$，$I_2 = 6\,mW$，$I_3 = 8\,mW$ 和 $I_4 = 10\,mW$），4 种不同偏振状态激光直写四维光存储的模型图（a）和四维光存储图案在偏光显微镜下旋转不同角度时的图案（b）～（g）

另一方面，在刻写过程中，实验中使用的仪器可以实现 6 种不同的光强，造成存储点的存储密度是普通存储点的 42 倍。考虑到激光的光斑大小为 $3\,\mu m$，在 pAzopy/（AzoCN）$_{1.0}$ 上的存储密度为 $0.93\,Gbit\cdot cm^{-2}$，这一存储密度大约是普通 DVD 光盘的 20 倍。

高密度的光存储取决于双偶氮苯聚合物的多灰度性质，即能够在偏振光偏振方向只改变 $3°$ 时，就能够被区分。这一特性来自于材料的光致双折射稳定性。实验上已经证明：这种稳定性来源于双偶氮苯聚合物对光致取向过程的反向弛豫性质。而这一反向弛豫性质是与双偶氮苯聚合物在光致取向过程中分子的相互作用紧密相关的,即双偶氮苯聚合物中两个偶氮苯单元之间会出现协同效应。这种协同效应的示意图如图 5.7 所示。当光照停止的时候,两个氢键相连的偶氮苯单元可能只有一个发生了取向,即氢键受体发生了取向而给体没有,或者给体发生了取向而受体没有。众所周知,氢键是具有方向性的,即形成氢键的原子要处于一条直线上。在双偶氮苯聚合物中,形成氢键的 N,H,O 这三个原子要处于一条直线,氢键才是处于能量最低状态,否则氢键将不稳定。图 5.7 给出通过氢键相连的两个偶氮苯基团协同作用的模型。如果这种协同作用起作用,会造成双偶氮苯聚合物的双折射自发地增大:取向的偶氮苯基团将没有取向的偶氮苯基团推(拉)到一个最有利于氢键稳定形成的构象。因为这个过程是在停止光照之后发生的,所以这个过程是一个自发的过程。这个过程的自由能是 $\Delta G = \Delta H - T\Delta S < 0$,其中,$G$ 是吉布斯自由能,H 是焓,S 是熵,T 是温度。这个自发过程的熵会减少,驱动力不可能是熵。这个过程的驱动力只可能来自于氢键的键焓。

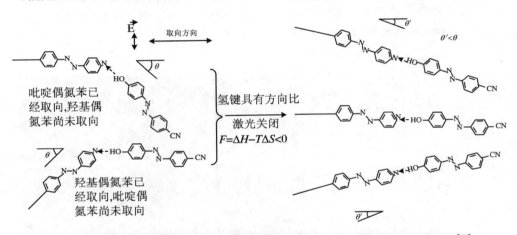

图 5.7　造成双偶氮苯聚合物反向弛豫的偶氮苯基团间氢键相互作用的模型图[37]

　　上述光存储是建立在空间二维基础上的偶氮苯聚合物光存储行为。仅仅通过引入光强和偏振两个参数,将二维空间光存储提高到四维光存储。进一步提高材料的光存储维数能够获得更高密度的光存储介质。

5.1.2　偶氮苯聚合物的双光子存储

　　一种简便易行的方法是将二维平面光存储推广到三维光存储,即使用高能量光源进行三维刻写[39]。采用高能量光进行刻写需要利用材料的双光子吸收性质。材料的双光子吸收是一种非线性吸收。与第 1 章介绍的寻常光吸收前提条件不同,除了线性吸收所要求的能量和偏振的匹配条件以外,非线性吸收还要求被吸收光的强度要高过非线性吸收所要求的阈值。双光子吸收是一种三阶非线性效应，是指在强光条件下，两倍于样品的线性吸收波长的长波光能够被样品吸收。吸收过程是通过一个虚中间态（Virtue State）直接吸收两个光子跃迁至高能激发态的过程。所吸收的两个光子的能量可以相同（简并的），也可以不同（非简并的），视施加激光的频率而定。早在 1931 年，Göppert-Mayer 就提出原子或分子可以同时吸收两个光子而跃迁至激发态，并用量子力学基本原理研究了双光子吸收过程，导出了与单光子吸收不同的双光子吸收选律，因而双光子吸收截面的单位被确定为 GM，以纪念双光子吸收原理的提出者。由于双光子吸收是材料在强光作用下的非线性光学效应，要求激发光有足够高的光子密度（光强度），所以直到 60 年代初高功率脉冲激光器出现后，由 Kaiser 和 Garrett[40] 用聚焦 694.3 nm 的脉冲激光照射 $CaF_2:Eu^{2+}$ 晶体时，才观测到波长在 425 nm 蓝色上的转换荧光，并首次从实验上证实了双光子吸收过程的存在，其吸收机理可用图 5.8 表示。除了吸收光的能量为激发能级的一半以外，双光子吸收的另一个显著特点是：跃迁概率与激发光强的二次方成正比。如果只有焦点处的光强才能达到产生双光子吸收的光子密度条件，那么吸收只发生在焦点范围内，造成双光子吸收具有高度的空间选择性。双光子吸收技术现已开创了很多应用，包括双光子聚合[41]、双光子扫描荧光显微镜[42]、高精度微器件制造[43] 及双光子动力学治疗[44] 等等，并成为光子学与其他学科交叉的新领域。

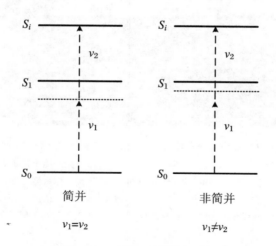

图 5.8　双光子吸收的机理图

利用双光子吸收（以及同样原理的多光子吸收）的高度空间选择性，可以进行三维光存储。最简单的方法是光烧蚀的方法：高强度、高能量（400 nm）激光能够三维可控地烧蚀聚合物形成空洞，从而完成三维存储[39]。如果在聚合物基体中引入荧光分子，则可以通过低能量（800 nm）、高强度激光进行双光子的三维刻写，其不仅能够实现空洞造成的折射率变化，还会造成空洞引起的荧光变化，同样也能够完成光存储[45]。这一设想的关键是引入在 800 nm 倍频处有吸收的荧光分子。研究中采用在 400 nm 处有吸收的稀土络合物作为掺杂荧光分子,图 5.9 给出的是 Sm(DBM)$_3$Phen(稀土络合物)掺杂聚甲基丙烯酸甲酯材料的双光子存储实验结果。在实验过程中,利用络合物在 400 nm 的线性吸收能级实现双光子吸收,使用波长为 800 nm,脉宽为 200 fm 的激光分层刻写含有钐络合物的聚甲基丙烯酸甲酯,实现了三维光存储。这一光存储的刻写光为 800 nm,对在此波长处吸收极低的聚甲基丙烯酸甲酯材料而言,造成的损伤较小。另一方面,从图 5.9 可以看出,由于荧光材料的存在,三维存储点不仅可以通过光学显微镜读出(折射率变化),还可以通过共聚焦荧光显微镜读出(荧光变化)[39,46]。

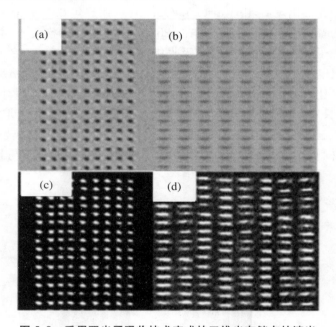

图 5.9　采用双光子吸收技术完成的三维光存储点的读出

实验条件:样品为 Sm(DBM)$_3$Phen 掺杂聚甲基丙烯酸甲酯,激光的能量是 14.5 nJ,物镜的数值孔径为 0.65 NA,点的间距为 4 μm,层间距为 8 μm。(a)和(b)是用数值孔径为 0.85 NA 的光学显微镜获得的透过照片。(c)和(d)用反射型共焦显微镜获得的荧光照片。图(a)和(c)是通过显微镜由数码相机沿平行于刻写光束方向拍摄的,图(b)和(d)是从垂直于刻写光方向拍摄到的数据点阵列的多层图像

　　双光子刻写的原理与已报到的烧蚀原理相同:稀土络合物通过双光子机理吸收 800 nm 的激光,并受激发射出 500 nm 左右的荧光,使聚合物链发生断裂,形成空洞[39]。图 5.10 给出了刻写前后聚合物的受激发射出 500 nm 的荧光光谱和聚合物链发生断裂形成自由基的顺磁共振谱。

　　双光子吸收导致的有机材料的光折变也可以用于三维光存储[39,47]。在各种不同的有机光折变材料中,偶氮光折变材料的双光子吸收性质也得到了系统的研究。

最初的研究结果表明：与其他有机分子一样，偶氮基团上的取代基对偶氮苯分子的双光子吸收截面有很大的影响，即偶氮苯分子的双光子吸收截面随着偶氮苯分子的偶极矩增加而增加[48]。简单地增加偶氮苯分子的长度，例如双偶氮苯化合物，仍然不能提高偶氮苯化合物的双光子吸收截面[49]，只有在双偶氮苯分子上引入强吸电子基团，才有可能提高分子偶极，从而提高双光子吸收截面。

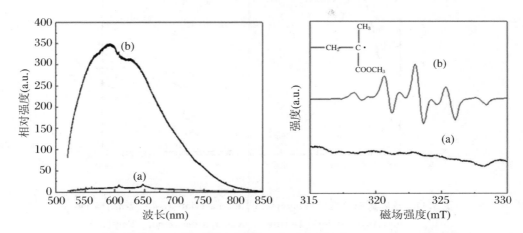

图 5.10　双光子刻写 Sm(DBM)₃Phen 掺杂聚甲基丙烯酸甲酯前(a)、后(b)荧光光谱的变化

激发光为 514.5 nm(左)；刻写前(a)、后(b)Sm(DBM)₃Phen 掺杂聚甲基丙烯酸甲酯的顺磁共振谱，以及刻写过程中，聚合物链断裂形成自由基的结构示意图(右)

　　然而，提高双偶氮苯分子的偶极，分子间的偶极相互作用增强，极易造成分子间的聚集，降低分子吸收的效率。为了平衡偶极和聚集两方面的反向作用，提出了双偶氮苯聚合物的结构设计，如图 5.11 所示，一方面，聚合物中的双偶氮苯基团上接有强吸电子的硝基基团，以增加双偶氮苯的偶极。另一方面，偶氮苯基团通过两个亚甲基连接在聚合物链上，使得双偶氮苯的存在状态会受到无规分布的聚合物链结构影响，最大限度地降低聚集。同时，双偶氮苯聚合物通过与甲基丙烯酸甲酯的无规共聚获得，这尽可能地将双偶氮苯基团均匀分布在聚合物介质中。由图 5.11 所示的双偶氮苯聚合物(Poly(MMA-co-M2BAN))的吸收光谱可见，含有双偶氮苯基团的无规共聚物薄膜的光吸收是一个较窄的吸收峰，说明双偶氮苯基团的聚集得到了较好的控制；此外，吸收光谱的最大吸收峰位于 372 nm 左右，且在 600 nm 以上，聚合物没有吸收，800 nm 的飞秒脉冲激光可以作为聚合物双光子吸收的光源[50]。

　　存储实验是在薄膜样品 Z 方向(薄膜厚度方向)的不同尺寸的平面上，使用不同偏振的激光进行光致取向刻写。图 5.12 给出了在 X-Y 平面(薄膜平面)的同一区域进行的双层刻写的结果，从图中可以看出：在同一区域中，不同偏振的刻写光能够刻写出不同的英文字母 E 和 H。通过控制读出光的偏振态，也能够分别读出所存储的不同字母[50]。这一多层存储性质将偶氮苯聚合物的二维平面存储推广到三维空间的立体存储。

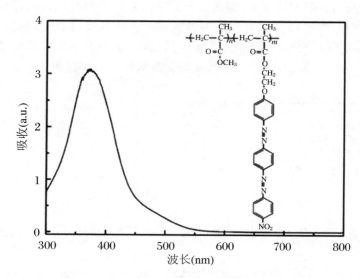

图 5.11　双偶氮苯共聚物（Poly｛methyl methacrylate-co-4-[（2-methacry-loxyethyl）oxy]-4'-（4-nitro-phenylazo）azobenzene｝，Poly（MMA-co-M2BAN）的吸收光谱和化学结构式

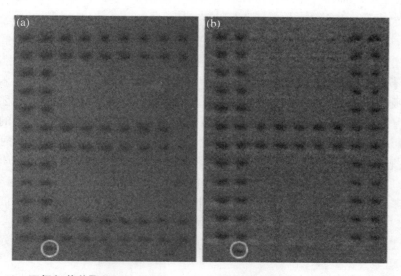

图 5.12　双偶氮苯共聚物 Poly（MMA-co-M2BAN）的多层偏振刻写进行存储实验的反射型共聚焦显微镜照片

（a）是偏振角度为零时第一层的 E 字母图案，（b）是偏振角度为 45°时第二层的 H 字母图案。照片中左下角圆形标记为同一刻写区域的证明

　　如果将每一层的偏振刻写按照角度进一步细分的话，三维空间存储将进一步

拓展到四维存储。相关实验的结果(图 5.13)表明:在上述双偶氮苯聚合物形成的薄膜中,可以完成不同偏振角度光的可区分刻写[51]。

在图 5.13 中,(a),(b),(c)是偏振光刻写字母 B 后分别使用平行偏振光、45°偏振光和 90°偏振光通过共聚焦显微镜读出的结果;(d)是刻写后使用垂直偏振光擦除后的反射型显微镜观察结果;(e),(f),(g)是擦除后在同一区域重新刻写字母 U 后分别使用平行偏振光、45°偏振光和 90°偏振光通过共聚焦显微镜读出的结果。详细过程如下:首先,使用线性偏振光刻写 B 字母。每一刻写点的曝光时间为35 ms,光的平均功率为 21 mW。其次,使用反射型显微镜读出存储点[51]。读出时,分别使用平行、45°和 90°的线性偏振光,以此得到了从暗点到亮点的逐步变化存储点。平行读出的暗点是因为刻写光使偏振方向的折射率降低,在使用平行这一方向的偏振光读出时,反射光较少,因而在反射型共聚焦显微镜读出时得到了暗点。在使用 45°偏振光读出时,存储点几乎看不见。这是因为在这一方向,存储点的折射率处于平行和垂直两方向的中间值,与原折射率相同,因而造成存储点和非存储区域在反射型共聚焦显微镜下无法区分。在使用 90°偏振光读出时,该方向的折射率最大,造成存储点成为一个亮点[50]。最后,在使用与刻写光的偏振方向垂直的偏振光将存储点擦除后,可以进行再次的刻写和读出字母 U。

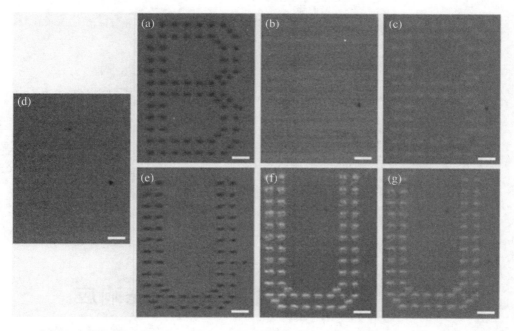

图 5.13　双偶氮苯聚合物(Poly(MMA-co-M2BAN)存储点(字母 B)的读出((a)~(c)),擦除(d)以及在同一区域再次刻写(字母 U)后读出((e)~(f))的反射型显微镜照片

图片中所示标尺为10 μm

与第一次存储结果相比，一个显著的差别是在再次刻写的读出照片中，45°偏振光读出时，读出点成为了亮点，甚至比 90°偏振光读出时的刻写点还要亮。这是因为擦除时使用的是偏振光，这使得再次用于刻写的聚合物薄膜成为取向膜。当使用的刻写光仍然保持原来的偏振方向的，刻写点的偶氮苯基团将在其垂直的方向取向，未刻写区域的偶氮苯基团仍然保持原来的取向，这两个相互垂直的作用造成 45°方向的折射率最大，从而导致读出时此点成为最亮的存储点。这一偏振存储的过程可以用图 5.14 所示的示意图表示[51]。

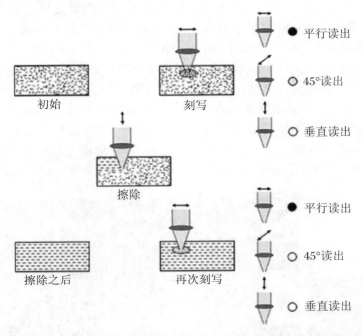

图 5.14　双偶氮苯聚合物 Poly(MMA-co-M2BAN)进行多次偏振刻写过程的示意图

使用反射型显微镜时，读出可以与刻写过程共用一套设备。虽然数据解释较为复杂，但实验上确是首选技术。使用透射显微镜和偏光显微镜也可以完成偏振刻写和读出过程[50,51]。

5.2　偶氮苯聚合物囊泡的光响应

超分子组装体，是基于分子间相互作用形成的分子尺寸以上的物质实体。相比于化学键，分子间的作用力较弱，组装体的稳定性受到周围介质的影响很大，组装体的大小处于微纳尺度、宏观尺度间的超分子组装需要特殊的条件[52]。两亲性嵌段共聚物在不同环境条件下也能够组装形成超分子结构,例如各种球状、棒状和囊泡聚集结构[53]。在控制嵌段聚合物结构的条件下,能够获得微米尺度的组装体[54]。从功能角度考虑,在嵌段共聚物中引入光响应的偶氮苯基团,可以得到光响应性组装体。例如,凝聚态中具有光响应性的纳米尺度的组装体[55],能够增强液晶聚合物表面起伏光栅衍射的光响应组装体[56],等等[30-32]。

在两亲性偶氮苯共聚物的组装过程及组装体的性质研究中,微米尺寸的组装结构得到了深入研究,相关内容已成为光响应组装体研究的组成部分。主要原因在于:

(1) 组装方便。只是改变共聚物溶液的溶剂性质,就可以获得微米组装体。实验上是在两亲性共聚物的 THF 溶液中加入一定比例的水,充分搅拌后静置即可。

(2) 光响应性质对聚合物的结构有显著的依赖性。通过变化亲水段或疏水段的化学结构,就能够观察到各种不同的组装体的形貌和性质变化。

两亲性嵌段共聚物的制备是采用具有分子量可控的可逆加成-断裂转移(Reversible Addition-Fragmentation Chain Transfer,RAFT)自由基聚合完成的。通常情况下,自由基聚合存在慢引发和快终止的,分子量及其分布较难控制性质。通常的调控手段是采用链转移方法。1998 年,在使用一种硫代碳酸酯作为链转移剂时发现:自由基聚合的分子量及其分布可以被人为控制,成为一种准活性聚合[57]。随后还发现,转移后形成的大分子硫代碳酸酯能够稳定存在,可以用于其他单体聚合时的链转移剂。通过相继进行的两种单体的 RAFT 聚合可以得到嵌段聚合物[58]。

5.2.1　偶氮苯聚合物的光致形状变化

常用的亲水聚合物是聚丙烯酸。采用这一亲水链段与偶氮聚合物链段形成的嵌段共聚物可以组装形成光响应小球[59]。图 5.15 给出了这种嵌段共聚物的化学结构以及组装前、后聚合物的吸收光谱。

从图 5.15 中可以看出,随着组装体的形成,共聚物的最大吸收(应为偶氮苯基团的吸收)位置发生了蓝移,这时偶氮苯基团发生了 H-聚集。H-聚集是偶极分子在偶极平行排列(面-面排列)条件下的一种聚集状态。这种状态造成分子能级分裂,并且能级差较大的能级间的跃迁是允许的,而能级差较小的能级间跃迁是禁阻的,表现在吸收光谱上即为吸收光谱的蓝移。与此相对应的是,如果分子偶极相向排列(头-头排列),则成为 J-聚集。这时能级同样会发生分裂,只是能级差较小的能级间跃迁是允许的,能级差较大的能级间跃迁是禁阻的,表现为吸收光谱的红移[60]。从整个吸收光谱来看,最大吸收处于 350 nm 左右,相应于反式偶氮苯基团的 π-π^* 跃迁;在 440 nm 左右存在一弱吸收峰,相应于顺式偶氮苯基团的 n-π^* 跃迁。

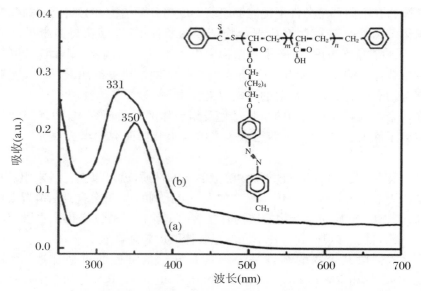

图 5.15　两亲性嵌段共聚物（PAzoM-b-PAA）的 THF 溶液（a）和组装体的混
合溶剂（体积比为：水/THF = 75/25）溶液（b）的紫外-可见吸收光谱
插图为嵌段聚合物的化学结构示意图，其中 $m = 16$，$n = 226$

　　在光学显微镜下，聚集体为球形，如图 5.16（a）所示。图 5.16（a）中的插图为组装体的透射电子显微镜照片。两种结果都说明组装聚集体为 $2\sim3\ \mu\text{m}$ 的球状体。为了进一步明确组装体是实心的胶束还是空心的囊泡，使用超薄切片技术制备了光学显微镜样品，实际观察结果如图 5.16（d）所示。从中可以看出，球形组装体具有中空结构，即组装体为微米尺寸的囊泡。极性溶剂条件下得到的囊泡是内、外两面均为亲水聚合物，囊泡壁为疏水聚合物的特殊组装体。

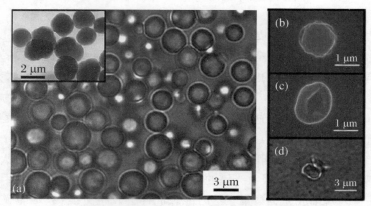

图 5.16　PAzoM-b-PAA 组装体的光学显微镜照片（a），插图为组装体的透射电子
显微镜照片；PAzoM-b-PAA 组装体的扫描电子显微镜照片（b）和（c）；超薄切
片技术制备的 PAzoM-b-PAA 组装体的破开面的光学显微镜照片（d）

　　由两亲性嵌段聚合物 **PAzoM-b-PAA** 在极性溶剂中组装成为囊泡的过程和囊泡结构如图 5.17 所示(见附页彩图),从图中可以看出:具有光响应的偶氮苯基团处于囊泡壁中。从图 5.15 所示的囊泡吸收光谱可知,相对于溶液中的偶氮苯基团,囊泡壁中的偶氮苯基团发生了 H-聚集,造成吸收光谱的蓝移。由光化学第一定律可知,任何光化学过程都是通过光吸收产生的[61]。根据囊泡的吸收光谱,可以选择不同波长的光辐照囊泡,观察相应的光致变化。

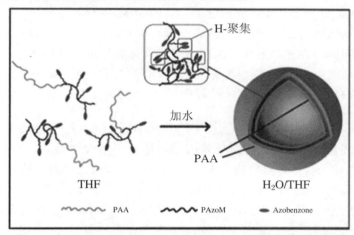

图 5.17　由两亲性嵌段聚合物(PAzoM-b-PAA)在极性溶剂中组装成为囊泡的过程和囊泡结构示意图

　　首先,使用弱吸收光(436 nm)辐照混合溶剂中的组装体溶液,实时观察的结果如图 5.18 所示。在光照前,组装体与用于参照的聚苯乙烯小球均为球形。当光照开始后,组装体的直径增加,而且随着光照时间的增加,组装体直径持续增加,最大可以达到最初直径的一倍。

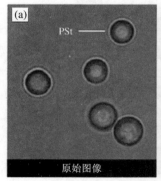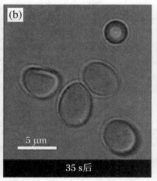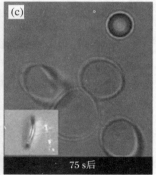

图 5.18　聚合物囊泡在 436 nm 光照射下,发生球状到盘状形貌变化的光学显微镜观察:(a)是光照前的显微镜照片,PSt 标注的小球为用于参照的光惰性小球(聚苯乙烯小球);(b)是光照 35 s 后的显微镜照片;(c)是光照 75 s 后的显微镜照片

(c)中插图是采用光镊将盘状组装体翻转 90°后的显微镜照片

为了了解显微镜下的直径增加究竟是源于球形囊泡的体积增加还是球的形状发生变化,采用光镊技术将光照后的组装体翻转 90° 后观察,结果如图 5.18(c) 中的插图所示,可以发现组装体的侧面接近长方形。这一实验观察结果说明:组装体直径增加是由球状组装体转变为盘状组装体造成的[59]。这一组装体的光响应性质与偶氮苯基团的光致顺反异构有没有关系?与偶氮苯基团的聚集有没有关系?这些随之而来的问题需要从光照条件下,囊泡的吸收光谱变化上寻找答案。

图 5.19(a) 给出了在 436 nm 光照射下,PAzoM-b-PAA 在 THF 中的吸收光谱变化。可以从插图的数据中看出:两亲性聚合物在 THF 中有很好的溶解性,最大吸收位置(350 nm)在光照条件下保持不变。具体数据可以从插图中清楚地看出:图中横坐标是辐照时间;左侧纵坐标为波长,用于表示光照后时间不同,最大吸收位置的变化;右侧纵坐标是偶氮苯的异构化程度,其定义为

$$异构化程度 = \frac{A_0 - A_t}{A_0}$$

其中,A_0 是光照前 350 nm 处的吸收值;A_t 是光照过程中某一时刻的相同波长处的吸收值。然而,尽管聚合物在 436 nm 处的吸收较弱,但微弱的光吸收仍能造成部分反式偶氮苯基团转变为顺式偶氮苯基团,并且很快(插图的数据表明约为20 min)达到平衡。从吸收光谱(图 5.15)可知,处于 350 nm 左右的最大吸收相应于反式偶氮苯基团的 π-π* 跃迁,在 440 nm 左右存在一弱吸收峰,相应于顺式偶氮

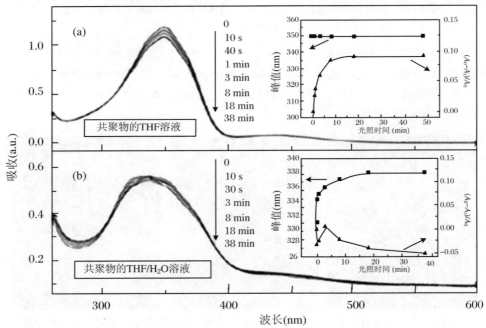

图 5.19 在 436 nm 光照射下,两亲性嵌段聚合物(PAzoM-b-PAA)的 THF 溶液(a)及其组装囊泡在混合溶剂(水/THF = 75/25)中(b)的吸收光谱变化

苯基团的 n-π* 跃迁。在 436 nm（接近顺式偶氮苯基团的 n-π* 跃迁的吸收位置）光的照射下，顺式到反式的光异构化会比顺式到反式的热异构化快[9]，因而造成反式与顺式的可逆反应很快达到平衡。

在 436 nm 光辐照下，囊泡的吸收光谱变化（图 5.19(b)）与聚合物的吸收光谱变化不同，突出的一点是吸收最大值（331 nm）在光照后迅速发生红移，而反式偶氮的含量维持不变；随着光照时间延长，最大吸收波长变化趋缓，异构化程度降低，40 min 后达到 −0.05。这一结果说明光照使得囊泡壁中的反式偶氮苯含量升高。这些光谱变化数据表明：在光照条件下，囊泡壁中的偶氮苯基团的光致顺反异构反应达到平衡，而顺反异构化反应的热效应[2,3]造成聚集态部分解离，最后平衡在一定聚集程度。同时，由于顺式偶氮苯基团的偶极要大于反式偶氮苯基团的偶极（反式为 1.3 D，顺式为 4.6 D）[62]，造成亲水性增加，破坏了原有组装体的亲疏水平衡，产生了球状到盘状的形状变化。偶氮苯的偶极计算结果很好地解释了所观察到的实验结果。值得指出的是：分子偶极是一个涉及分子化学结构、分子聚集结构的复杂量，详细的研究可参见相关文献[63]。

偶氮苯基团的最大吸收（反式 π-π* 跃迁）位于紫外区，使用紫外光（365 nm）光辐照 PAzoM-b-PAA 组装形成的囊泡，会造成囊泡壁中偶氮苯基团的反式到顺式的异构化，导致囊泡产生形变。图 5.20 给出了光照前、后的光学显微镜照片。从中可以看出：对于作为参照的聚苯乙烯小球而言，聚合物囊泡发生了不同程度的形状变化，多数可以视为球状到耳状的形状变化。仔细观察某一囊泡的光致形变过程（图 5.20(c)）可以看出：随着辐照时间的延长，球状囊泡发生了拉长和塌陷两种形貌变化，最终在 190 s 时成为耳状。

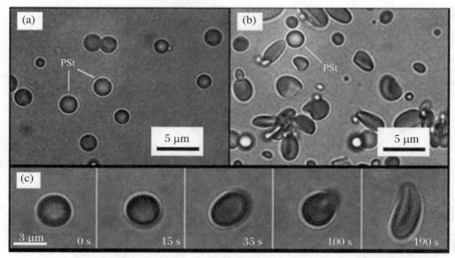

图 5.20　聚合物囊泡在 365 nm 光（光强 10 mW/cm² ）照射下，发生囊泡形貌破裂过程的光学显微镜观察

(a)是光照前的显微镜照片，PSt 标注的小球为用于参照的光惰性小球（聚苯乙烯小球）；
(b)是光照 600 s 后的显微镜照片；(c)依次是光照不同时间后的显微镜照片[62]

在 365 nm 光源照射下,聚合物溶液和囊泡溶液的吸收光谱变化示于图 5.21,从中可以看出:对于聚合物溶液而言,偶氮苯吸收强度随着辐照时间的延长而下降,且没有波长位移;对于囊泡溶液而言,由于偶氮苯基团在囊泡壁中处于 H-聚集状态,光照首先造成聚集体解聚,然后才发生光致顺反异构,表现为吸收光谱先位移,然后吸收强度下降[62]。

定量分析图 5.21(b)中吸收光谱的位移变化,可以发现:辐照过程可以分为三个阶段,如图 5.22 所示。第一阶段:处于 338 nm 的最大吸收逐渐位移到 350 nm,而吸收强度保持不变。在这一阶段,H-聚集发生解聚,偶氮苯基团同时发生光致顺反异构。后者主要是未发生聚集的游离偶氮苯基团。吸收强度不变的结果说明解聚产生的反式偶氮苯基团抵消了异构化成为顺式的偶氮苯基团,反式偶氮苯基团的含量保持不变。第二阶段:350 nm 处的反式偶氮苯基团的吸收维持吸收波长不变,吸收强度逐渐降低,而 440 nm 处的顺式偶氮苯基团的吸收相应增加。这是偶氮苯基团的光致顺反异构的特征,表明此阶段中 H-聚集体已经全部解聚。第三阶段:偶氮苯基团的最大吸收从 350 nm(反式 π-π* 跃迁)逐渐向 314 nm(顺式 π-π* 跃迁)位移,吸收强度继续降低。这一过程是光致异构化深度进行,顺式偶氮苯基团

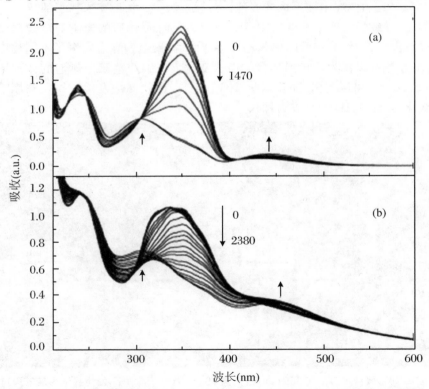

图 5.21 两亲性嵌段聚合物 THF 溶液的吸收光谱(a)和组装囊泡溶液(b)的吸收光谱及其在 365 nm 光照下的变化

图中数字是单位为秒的辐照时间

逐渐增加的结果。图 5.22 给出了上述光致异构化程度随光照时间变化的实验数据。上述分析和相关数据说明:在组装囊泡壁中,偶氮苯基团处于两种状态:一是游离状态,二是聚集状态;光照时,游离状态中存在顺反异构体的平衡,聚集状态中存在顺式偶氮苯聚集和解聚集的平衡体,两者成为偶氮苯聚合物囊泡光致形变的结构因素。这一结论给出了偶氮苯囊泡壁的动态结构信息,成为改变偶氮苯囊泡光响应性质的出发点[62]。

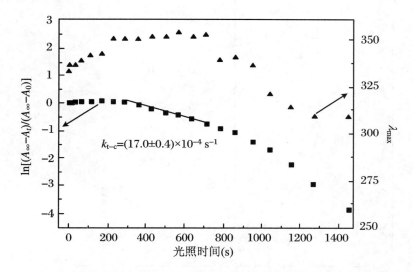

图 5.22　组装囊泡在混合溶剂(H_2O/THF = 80/20)中的最大吸收波长(右纵坐标)和异构化程度(左纵坐标)随光照时间变化而发生的变化

为了进一步证明上述两种囊泡的光致形状变化确实是由偶氮苯基团的光致顺反异构造成的,选择 PAzoM-b-PAA 共聚物不吸收的 547 nm 光源辐照了组装囊泡,结果表明囊泡的形状没有任何变化。只有在使用 436 nm 和 365 nm 光源照射下,囊泡才会分别发生图 5.18 和图 5.20 所示的形状变化[59,62]。

从图 5.15 的吸收光谱和图 5.17 的结构模型可知,囊泡壁中的偶氮苯基团处于 H-聚集状态。图 5.19 的结果又说明:囊泡的光致形状变化是由偶氮苯基团的光致顺反异构造成的。使用 436 nm 光源和 365 nm 光源的差别在于吸收的强弱和分别对应于顺式和反式偶氮苯基团的吸收位置,辐照的结果造成囊泡壁中顺式、反式的含量不同,因而形变不同。

5.2.2　偶氮苯聚合物囊泡的光致收缩和膨胀

组装体的性质与组装成分的聚集态结构和化学结构紧密相关。为了获得新的光响应性质,合成了一种不同上述结构的新型两亲性偶氮苯共聚物(poly(N-iso-propylacrylamide)-block-poly{6-[4-(4-pyridyazo)phenoxy]hexylmethacrylate},PNIPAM-b-PAzPy),并用于组装囊泡。这一嵌段共聚物的吸收光谱、化学结构和组装体结构如图 5.23 所示[64]。

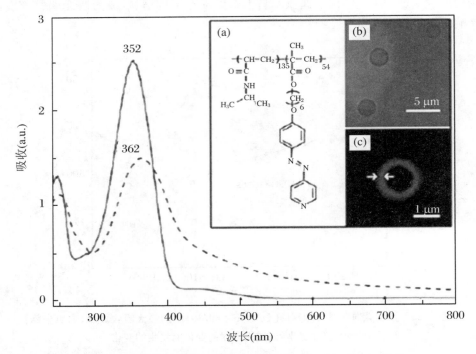

图 5.23　两亲性嵌段共聚物,PNIPAM-b-PAzPy,THF 溶液及其囊泡组装体溶液的吸收光谱

(a) PNIPAM-b-PAzPy 的化学结构;(b) 囊泡的光学显微镜照片;

(c) 囊泡断面的双光子共聚焦显微镜照片

图 5.23 比较了溶液中和囊泡中的偶氮苯基团的吸收光谱,从中可以看出:吸收光谱的变化不同于图 5.15 中相应的吸收光谱变化。在 PNIPAM-b-PAzPy 组装形成的囊泡中,偶氮苯基团的吸收发生了红移。这一结果表明偶氮苯基团在囊泡壁中产生了 J-聚集。这种头对头的聚集行为可能是具有三级胺结构的吡啶基团排斥面对面的聚集所致。

这种化学结构的两亲性嵌段聚合物组装形成的囊泡表现出了一种全新的光响应性质:在紫外和可见光的反复照射下,球形囊泡并不发生形状变化,而是进行了可逆的光致膨胀-收缩变化。在紫外光照射下,囊泡发生膨胀,球的直径变大而形状不变;在可见光照射下,膨胀后的球形囊泡又会收缩到原有直径尺寸。实验现象示于图 5.24。

　　详细的研究发现：在同一强度可见光辐照下，囊泡的膨胀程度与紫外辐照的强度相关，而与辐照时间无关。这是由于在一定强度的紫外和可见光的同时辐照下，偶氮苯基团的光致顺反异构会达到一个平衡，即顺式和反式的比例决定囊泡的膨胀程度[64]。类似的，可逆的光致顺反异构化过程决定了囊泡的可逆光致收缩-膨胀运动。有研究表明：顺式偶氮苯分子所占表面积要大于反式偶氮苯分子[65]。另外，在囊泡壁中，当球状顺式偶氮苯含量增加时，不同构型的偶氮苯会支撑聚集结构造成聚集体的体积变大。两种因素的共同结果会造成囊泡壁变厚，囊泡体积增加。

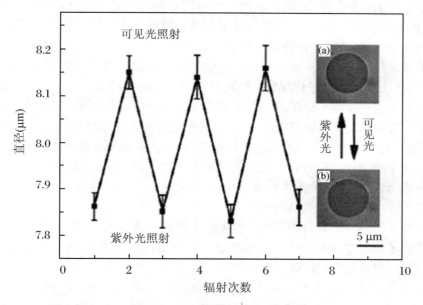

图 5.24　PNIPAM-b-PAzPy 组装囊泡的可逆光致膨胀-收缩变化
插图照片分别是膨胀状态(a)和收缩状态(b)的光学显微镜照片

　　使得 PNIPAM-b-PazPy 组装囊泡与 PAzoM-b-PAA 组装囊泡具有不同光响应行为的因素之一是聚合物链的亲疏水差别。对于 PNIPAM-b-PazPy，两嵌段的亲疏水差别较小，而顺式吡啶偶氮苯的亲水性会进一步增加，使两嵌段的亲疏水差别进一步减小。推测这一亲疏水性质会造成组装体的结构变大。支持这一推论的光致膨胀现象与同一嵌段共聚物在不同极性溶剂中进行组装的实验现象是一致的[66]。

　　由于引入了吡啶偶氮苯基团，由 PNIPAM-b-PAzPy 组装形成的囊泡还表现出很多特异性质，并作为新现象得到了细致的观察。例如，在囊泡壁中引入二溴丙烷作为能够与吡啶基团反应的交联剂，研究发现交联度与光致收缩-膨胀之间存在相关性[67]；改变吡啶偶氮苯基团连接到聚合物链上的基团长度，发现囊泡的光致形变性质会随之发生变化[68]；将吡啶偶氮苯基团改变为甲氧基取代的偶氮苯基团，得到的两亲性嵌段共聚物组装形成的囊泡则具有光致分裂的性质[69]；将 PNI-PAM-b-PAzPy 与含甲氧基取代的偶氮苯的两亲性嵌段共聚物 PNIPAM-b-PAzo-MO 进行共组装，发现两种聚合物在囊泡壁中出现了分相，并发现两相中偶氮苯基团的光致异构化速率要小于单一共聚物组装囊泡中偶氮苯的光致异构化速率[70]；等等。这些现象的深入研究需要发展新的实验技术和表征手段。

　　为了满足这一需求，一种新的实验技术，偏振激光捕获拉曼光谱（Polarization Laser-trapping Raman Spectroscopy，PLTRS），被应用于 PNIPAM-b-PAzPy 囊泡壁中偶氮苯基团取向形态的表征。由于聚合物链的柔性，通常认为聚合物链在囊泡壁中是无规聚集的，因而造成偶氮苯基团的聚集状态与间隔基团的长短直接相连：短链间隔基团情况下，偶氮苯基团和聚合物链耦合在同一聚集状态；长链接基团情况下，间隔基团能够将偶氮苯基团的聚集与聚合物链的聚集相分离，偶氮苯基团的聚集仅取决于自身相互作用。这些原理性的推测很少有直接的实验证明，而 PLTRS 方法可以用于观测囊泡壁的聚集形态。

　　拉曼散射（Raman Scattering）是印度物理学家拉曼（1888～1970）在 1928 年发现的一种特殊的光散射现象：在一定波长的光照射到样品时，物质中的分子吸收部分能量，发生不同方式和不同程度的振动（如化学键的摆动和伸缩振动），然后散射出不同于照射光波长的光。波长变化取决于散射物质的性质，所以得到的散射光谱常成为识别物质的"指纹光谱"。由此可见这一发现的重要性，而拉曼也因此获得了 1930 年的诺贝尔物理学奖。

　　拉曼光谱的一个重要特征在于激发和发射都具有偏振特性，通过这一特性能够表征分子聚集态的有序性[71]。根据这一原理，使用 PLTRS 表征了囊泡壁中偶氮苯基团的聚集状态，具体结果如图 5.25 所示[72]。

　　图 5.25 所示的拉曼光谱表明：偶氮苯基团的拉曼谱具有角度依赖性，即随着激发光偏振方向的改变（图中把确定偏振光方向的角度定义为入射角，它是激发光偏振方向与囊泡所在平面 Y 轴之间的夹角），拉曼光谱的强度发生相应变化。针对三种长度不同的间隔基团共聚物所组装形成的囊泡，分别测得随着激发光入射角的变化，1401 cm^{-1} 处拉曼散射强度的变化情况。在实验所采用的观察时间内，三种囊泡的拉曼强度都具有动态角度依赖性，表现为强度变化周期的改变。同时，这一周期变化与间隔基团的长度相关：间隔基团长（图 5.25（a）），周期变化大（约 50°）；反之（图 5.25（c）），周期变化小（约 10°）。这一动态变化表明：聚合物囊泡壁内的环境仍然处于半固态，给内部分子运动提供了足够的空间。囊泡壁中的分子具有较大运动空间以及分子运动处于动态平衡的结构特征可用于进一步解释聚合物囊泡的光致收缩-膨胀行为。同时，这一结构特征也使得偶氮苯聚合物囊泡产生各种潜在的光控性能，其中聚合物囊泡的光致融合性能就是另一个例证。

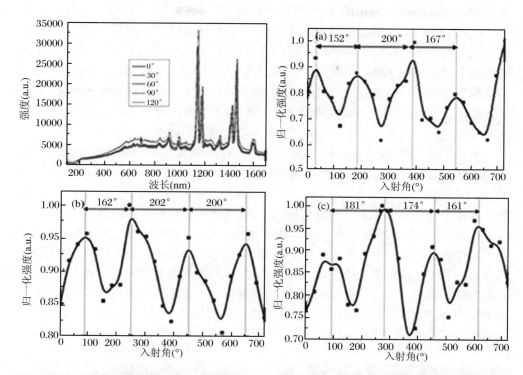

图 5.25 不同入射光角度条件下,PNIPAM-b-PAzPy6 组装囊泡中反式偶氮苯的拉曼光谱(左上)以及 PNIPAM-b-PAzPy6(a)、PNIPAM-b-PAzPy2(b)和 PNIPAM-PAzPy0(c)三种嵌段共聚物组装囊泡中偶氮苯基团的 N=N 键伸缩振动拉曼散射(1401 cm^{-1})强度的入射光角度依赖性

嵌段共聚物名称中的数字表示侧链型偶氮苯聚合物中连接链中的亚甲基数目

5.2.3　偶氮苯聚合物囊泡的光致融合

　　囊泡融合是指在外力(诱导剂或促融剂)作用下,两个或两个以上的囊泡相互接触,进而发生膜(囊泡壁)融合,并形成杂化新囊泡的现象,类似于细胞融合(Cell Fusion)或细胞杂交(Cell Hybridization)[73, 74]。鉴于在生命科学领域的重要性,细胞融合的相关研究,包括理论模拟和新技术的采用,得到了广泛和深入的开展。例如,使用高速荧光显微镜拍摄到两个用不同荧光物质染色后的脂质体囊泡融合过程,其中发生囊泡融合的重要特征是两个囊泡形成的 8 字形结合体[75]。
　　聚合物囊泡融合是聚合物组装过程中,小囊泡转变为大囊泡的可能途径,曾在一些组装体系的过程中被观察到。例如,在改变混合溶剂中水含量的时候,PAA-b-PSt 两亲性嵌段共聚物组装的囊泡的尺寸会随之变化,使用透射电镜观察时,发现存在聚合物囊泡融合的中间体(8 字形结合体)[76]；在水中，一种以超支化分子为核，大量的 PEO 为臂的新型的两亲性多臂共聚物(HBPO-star-PEO)能够自组装形成大尺寸的囊泡[77]，在对此种共聚物囊泡水溶液进行超声处理时，观察到了囊泡融合现象[78]。上述囊泡融合的触发条件分别为水含量的调节和超声处理。两者均能够导致囊泡壁的性质改变，诱导囊泡融合。对于光响应聚合物囊泡而言，光辐照能够使得囊泡壁中反式偶氮转变为顺式偶氮，改变囊泡壁的亲疏水性质，从而在热力学稳定的囊泡壁上产生一个缺陷，成为囊泡融合的触发点。

　　研究中采用 PNIPAM-b-PAzoM 在 H_2O/THF 混合溶剂中形成的微米尺寸囊泡作为实验样品[79]。从图 5.26 的实时照片中可以看出：在紫外光照射下，标记为 V_1 和 V_2 的两个囊泡相互靠近，最后进行了融合。在紫外光照射下，囊泡壁中的偶氮苯基团会发生反式到顺式的光致异构化，而两者的偶极具有不同数值：通过理论计算，反式偶氮基团的偶极为 1.3 D，而顺式偶氮基团的偶极为 4.6 D，相差 3 倍以上[79]。偶极的增加，造成偶氮苯基团的亲水性增加，直接打破了两亲性嵌段聚合物组装过程中达到的亲疏水平衡，因此相互接触的囊泡会突破原有亲疏水界面，使囊泡壁中的偶氮苯聚合物进入同一相，实现融合。上述定性描述可以从图 5.27 所示的模型中形象地看出，但详细的机理描述仍然有待进一步的理论分析和更详细的实验验证。

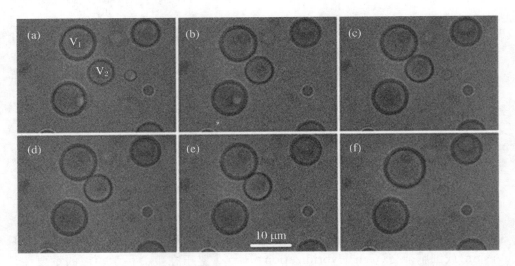

图 5.26　在紫外光(365 nm,10 mW)照射下,PNIPAM-b-PAzoM 组装囊泡进行融合时的光学显微镜照片

拍照时间分别为：(a) 0 s，(b) 3 s，(c) 3.1 s，(d) 3.2 s，(e) 3.3 s，(f) 3.4 s。两个进行融合的囊泡分别用 V_1 和 V_2 标注

　　含偶氮苯聚合物囊泡壁的半固态结构及其光响应性质还可以应用于很多方面，例如，在紫外光和可见光的分别照射下，偶氮苯聚合物囊泡壁的渗透性得以改

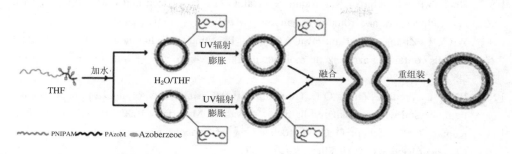

图 5.27　PNIPAM-b-PAzoM 组装囊泡的组装过程和进行融合的定性描述示意图

变：顺式偶氮苯基团导致非渗透态，而反式偶氮苯基团导致渗透态[80]；使用环状偶氮苯基团作为疏水链段的侧基，得到的聚合物囊泡可以用于药物载体[81]；使用手性链段作为疏水链段，组装形成的囊泡可以用于手性分子的分离[82]和制备超手性聚合物薄膜[83]。引入偶氮苯基团后的手性嵌段共聚物也能形成囊泡，为制备光响应手性分离膜奠定了基础；使用含偶氮树枝状聚合物制备的囊泡具有可控荧光发射[84]；以及使用偶氮苯基团与环糊精组装形成的囊泡可以光控捕获和释放DNA[85]；等等。由于光控方法具有非接触、远距离和精准控制等特性，以及囊泡的软物质特性，基于偶氮苯聚合物囊泡的光响应材料的研究工作将成为光子学聚合物领域中新的研发方向[86,87]。

参 考 文 献

［1］　王罗新，王晓工. 偶氮苯顺反异构机理研究进展［J］. 化学通报：网络版，2008，4：243-248.

［2］　Wang X H，Shen W L，Zhang Q L，et al. Laser-induced temperature distribution in photo-alignment of azobezene liquid crystalline side chain polymers［J］. Molecular crystals and Liquid Crystals，2000，350：225-235.

［3］　Liu J，Lu Y，Li J，et al. Instantaneous temperature field induced by laser pulse in azobenzene liquid crystalline side chain polymers before alignment［J］. Modelling Simul. Mater. Sci. Eng.，2003，11：697-705.

［4］　张其锦. 聚合物液晶导论［M］. 2 版. 合肥：中国科学技术大学出版社，2013.

［5］　Eisenbach C D. Effect of polymer matrix on the cis-tans isomerization of azobenzene residues in bulk polymers［J］. Makromol. Chem.，1978，179：2489-2506.

［6］　Natansohn A，Rochon P. Photoinduced motions in azo-containing polymers［J］. Chemical Reviews，2002，102(11)：4139-4175.

［7］　Ikeda T，Tsutsumi O. Optical switching and image storage by means of azobenzene liquid-crystal films［J］. Science，1995，268(5219)：1873-1875.

[8] Rochon P, Gosselin J, Natansohn A, et al. Optically induced and erased birefringence and dichroism in azoaromatic polymers[J]. Appl. Phys. Lett. , 1992,60(1):4-5.

[9] Wu Y L, Zhang Q L, Kanazawa A , et al. Photoinduced alignment of polymer liquid crystals containing azobenzene moieties in the sidechain. 5. [J]. Macromolecules,1999, 32(12):3951-3956.

[10] Wu Y L, Ikeda T, Zhang Q L. Three-dimentional manipulation of an azoaromatic polymer liquid crystal with unpolarized light[J]. Advanced Materials, 1999,11(4):300-302.

[11] Kumar G S, Neckers D C. Photochemistry of azobenzene-containing polymers[J]. Chemical Reviews, 1989,89(8):1915-1925.

[12] Hugel T, Holland N B, Cattani A, et al. Single-molecule optomechanical cycle[J]. Science, 2002,296(5570):1103-1106.

[13] Jiang D L, Aida T. Photoisomerization in dendrimers by harvesting of low-energy photons [J]. Nature, 1997,388(6641):454-456.

[14] Bandara H M D, Burdette S C. Photoisomerization in different classes of azobenzene [J]. Chemical Society Reviews, 2012,41(5):1809-1825.

[15] Willner I, Rubin S. Control of the structure and functions of biomaterials by light[J]. Angewandte Chemie-International Edition in English, 1996,35(4):367-385.

[16] Pedersen T G, Johansen P M, Holme N C R, et al. Mean-field theory of photoinduced formation of surface reliefs in side-chain azobenzene polymers[J]. Physical Review Letters, 1998,80(1):89-92.

[17] Geue T, Ziegler A, Stumpe J. Light-induced orientation phenomena in Langmuir-Blodgett multilayers[J]. Macromolecules, 1997,30(19):5729-5738.

[18] Russew M M, Hecht S. Photoswitches: From molecules to materials[J]. Advanced Materials, 2010,22(31):3348-3360.

[19] Matharu A S, Jeeva S, Ramanujam P S. Liquid crystals for holographic data storage[J]. Chemical Society Reviews, 2007,36(12):1868-1880.

[20] Shishido A, Tsutsumi O, Kanazawa A, et al. Rapid optical switching by means of photoinduced change in refractive index of azobenzene liquid crystyals detected by reflection-mode analysis[J]. Journal of The Americam Chemical Society, 1997,119(33): 7791-7796.

[21] Nikolova L, Nedelchev L, Todorov T, et al. Self-induced light polarization rotation in azobenzene-containing polymers[J]. Applied Physics Letters, 2000,77(5): 657-659.

[22] Viswanathan N K, Kim D Y, Bian S P, et al. Surface relief structures on azoaromatic polymer films[J]. J. Materials Chemistry, 1999,9(9):1941-1955.

[23] Barrett C J, Rochon P L, Natansohn A L. Model of laser-driven mass transport in thin films of dye-functionalized polymers[J]. Journal of Chemical Physics, 1998,109(4): 1505-1516.

[24] Yu Y L, Nakano M, Ikeda T. Directed bending of a polymer film by light: Miniaturizing a simple photomechanical system could expend its range of applications[J]. Nature, 2003,425(6954):145-145.

[25] Kobatake S, Takemi S, Muto H, et al. Rapid and reversible shape changes of molecular crystals on photoirradiation[J]. Nature, 2007,446(7137):778-781.

[26] Li Y B, He Y N, Tong X L, et al. Photoinduced deformation of amphiphilic azo polymer colloidal spheres [J]. Journal of The American Chemical Society, 2005, 127 (8): 2402-2403.

[27] Lv J A, Liu Y Y, Wei J, et al. Photocontrol of fluid slugs in liquid crystal polymer micro-actuators[J]. Nature, 2016,537:179-185.

[28] Riul A, Dos Santos D S, Wohnrath K, et al. Artificial taste sensor: Efficient combination of sensors made from Langmuir-Blodgett films of conducting polymers and a ruthenium complex and self-assembled of an azobenzene-containing polymer[J]. Langmuir, 2002,18(1):239-245.

[29] Peng K, Tomatsu I, Kros A. Light controlled protein release from a supramolecular hydrogel[J]. Chemical Communications, 2010,46(23):4094-4096.

[30] Liu Y, Yu C Y, Jin H B, et al. A suramolecular janus hyperbranched polymer and its photoresponsive self-assembly of vesicles with narrow size distribution[J]. Journal of The American Chemical Society, 2013,135(12):4765-4470.

[31] Liu X K, Jiang M. Optical switching of self-assembly: Micellization and micelle-hollow-sphere transition of hydrogen-bonded polymers[J]. Angewandte Chemie-International Edition, 2006,45(23):3846-3850.

[32] Tong X, Wang G, Soldera A, et al. How can azobenzene block copolymer vesicles be dissociated and reformed by light? [J]. Journal of Physical Chemistry B, 2005,109(43): 20281-20287.

[33] 金国藩,张培琨.超高密度光存储技术的现状和今后的发展[J].中国计量学院学报,2001 (2):6.

[34] 梁忠诚,明海,章江英,等.偶氮 LCP 中基于光致双折射效应的灰阶存储[J].光电子·激光,2001,12(10):1034-1036.

[35] Natansohn A, Rochon P, Barrett C. Stability of photoinduced orientation of an azoaromatic compound into a high-Tg polymer[J]. Chem. Mater. , 1995,7:1612-1615.

[36] Priimagi A, Vapaavuori J, Rodriguez F J, et al. Hydrogen-bonded polymer-azobenzene complexes:Enhanced photoinduced birefrigence with high stability through interplay of intermolecular interactions[J]. Chem. Mater. , 2008,20:6358-6363.

[37] Wu S, Duan S Y, Lei Z Y, et al. Supramolecular bisazopolymers exhibiting enhanced photoinduced birefringence and enhanced stability of birefringence for four-dimensional optical recording[J]. Journal of Materials Chemistry, 2010,20:5202-5209.

[38] Lachut B L, Maier S A, Atwater H A, et al. Large spectral birefringence in photoaddressable polymer films[J]. Adv. Mater. , 2004,16:1746-1750.

[39] Parthenopoulos D A, Rentzepis P M. Three-dimensional optical storage memory[J]. Science, 1989,245(4920):843-845.

[40] Kaiser W, Garrett C G B. Two-photon excitation in $CaF_2:Eu^{2+}$ [J]. Physical Review Letters, 1961,7(6):229-231.

[41]　Cumpston B H, Ananthavel S P, Barlow S, et al. Two-photon polymerization initiators for three-dimentional optical data storage and microfabrication[J]. Nature, 1999, 398 (6722):51-54.

[42]　Denk W, Strickler J H, Webb W W. Two-photon laser scanning fluorescence microscopy [J]. Science, 1990, 248(4951):73-76.

[43]　Kawata S, Sun H B, Tanaka T, et al. Finer features for functional microdevices[J]. Nature, 2001, 412(6848):697-698.

[44]　Kim S, Ohulchanskyy T Y, Pudavar H E, et al. Organically modified silica nanoparticles co-encapsulating photosensitizing drug and aggregation-enhanced two-photon absorption fluorescent dye aggregates for two-photon photodynamic therapy[J]. Journal of the American Chemical Society, 2007, 129(9):2669-2675.

[45]　Jiu H F, Tang H H, Zhou J L, et al. Sm(DBM)3Phen-doped poly(methyl methacrylate) for three dimensional multilayered optical memory[J]. Optics Letters, 2005, 30(7):774-776.

[46]　Helmchen F, Denk W. Deep tissue two-photon microscopy[J]. Nature Methods, 2005, 2 (12):932-940.

[47]　雷虹,黄振立,汪河洲.有机材料的双光子吸收物理特性及其应用[J].物理,2003,32(1): 19-26.[48]　de Boni L, Rodrigues J J, dos Santos D S, et al. Two-photon absorption in azoaromatic compounds[J]. Chemical Physics Letters,2002,361: 209-213.

[49]　Andrade A A, Yamaki S B, Misoguti L, et al. Two-photon absorption in diazobenzene compounds[J]. Optical Materials, 2004, 27:441-444.

[50]　Zhang Z S, Hu Y L, Luo Y H, et al. Polarization storage by two-photon-induced anisotropy in bisazobenzene copolymer film[J]. Optics Communications, 2009, 282:3282-3285.

[51]　Hu D Q, Zhang Z S, Hu Y L, et al. Study on the rewritability of bisazobenzene-containing films in optical storage based on two-photo process[J]. Optics Communications, 2011, 284:802-806.

[52]　Yan D Y, Zhou Y F, Hou J. Supramolecular self-assembly of macroscopic tubes[J]. Science, 2004, 303(5654):65-67.

[53]　Zhang L F, Yu K, Eisenberg A. Ion-induced morphological changes in "crew-cut" aggregates of amphiphilic block copolymers[J]. Science, 1996, 272(5269):1777-1779.

[54]　Jenekhe S A, Chen X L. Self-assembled aggregates of rod-coil block copolymers and their solubilization and encapsulation of fullerenes[J]. Science, 1998, 279 (5358): 1903-1907.

[55]　Tian Y Q, Watanabe K, Kong X X, et al. Synthesis, nanostructures, and functionality of amphiphilic liquid crystalline block copolymers with azobenzene moieties[J]. Macromolecules, 2002, 35:3739-3747.

[56]　Yu H, Okano K, Shishido A, et al. Enhancement of surface-relief gratings recorded on amphiphilic liquid-crystalline diblock copolymer by nanoscale phase separation[J]. Advanced Materials, 2005, 17(18):2184-2188.

[57]　Chiefari J, Chong Y K, Ercole F, et al. Living free-radical polymerization by reversible

addition-fragmentation chain transfer: the RAFT process[J]. Macromolecules, 1998,31 (16):5559-5562.

[58]　Moad G, Rizzardo E, Thang S H. Living radical polymerization by the RAFT process [J]. Aust. J. Chem. , 2005,58:379-410.

[59]　Su W, Zhao H, Wang Z, et al. Sphere to disk transformation of micro-particle composed of azobenzene-containing amphiphilic diblock copolymers under irradiation at 436 nm [J]. European Polymer Journal, 2007,43:657-662.

[60]　Wagniere G H, Hutter J B. Theoretical and computational aspects of the nonlinear-optical properties of molecules and molecular clusters[J]. J. Opt. Soc. Am. B, 1989,6(4):693-702.

[61]　Albini A. Some remarks on the first law of photochemistry[J]. Photochem. Photobiol. Sci. , 2016,15:319-324.

[62]　Su W, Han K, Luo Y H, et al. Formation and photoresponsive properties of giant microvesicles assembled from azobenzene-containing amphiphilic diblock copolymers [J]. Macromolecular Chemistry and Physics, 2007,208:955-963.

[63]　Raduge C, Papastavrou G, Kurth D G, et al. Controlling wettability by light: Illuminating the molecular mechanism[J]. Eur. Phys. J. E 2003,10:103-114.

[64]　Han K, Su W, Zhong M C, et al. Reversible photocontrolled swelling-shrinking behavior of micron vesicles self-assembled from azopyridine-containing diblock copolymers[J]. Macromolecular Rapid Communications, 2008,29:1866-1870.

[65]　Hamada T, Sato Y T, Yoshikawa K, et al. Reversible photoswitching in a cell-sized vesicles[J]. Langmuir, 2005,21(17):7626-7628.

[66]　Shen H W, Eisenberg A. Morphological phase diagram for a ternary system of block copolymer PS310-b-PAA52/dioxane/H2O [J]. J. Phys. Chem. B 1999, 103 (44): 9473-9487.

[67]　Shen G Y, Xue G S, Cai J, et al. In situ observation of azobenzene isomerization along with photo-induced swelling of cross-linked vesicles by laser-trapping Raman spectroscopy [J]. Soft Matter, 2012,8:9127-9131.

[68]　Shen G Y, Xue G S, Cai J, et al. Photo-induced reversible uniform to Janus shape change of vesicles composed of PNIPAM-b-PAzPy2[J]. Soft Matter, 2013,9:2512-2517.

[69]　Chen K, Xue G S, Shen G Y, et al. UV and visible light induced fission of azobenzene-containing polymer vesicles[J]. RSC Advances, 2013,3:8208-8210.

[70]　Xue G S, Chen K, Shen G Y, et al. Phase-separation and photoresponse in binary azobenznen-containing polymer vesicles[J]. Colloids and Surface A: Physicochemical and Engineering Aspects, 2013,436:1007-1012.

[71]　Chaigneau M, Picardi G, Ossikovski R. Molecular arrangement in self-assembled azobenzene-containing thio monolayers at the individual domain level studied through polarized near-field raman spectroscopy[J]. International Journal of Molecular Sciences, 2011,12:1245-1258.

[72]　Wang Y J, Shen G Y, Gao J G, et al. Dynamic orientation of azobenzene units within the

shell of vesicles PNIPAN-b-PAzPyn copolymers[J]. Journal of Polymer Science, Part B: Polymer Physics, 2015,53:415-421.

[73] 李志勇. 细胞工程[M]. 北京:科学出版社,2003.

[74] 罗立新. 细胞融合技术与应用[M]. 北京:化学工业出版社,2003.

[75] Lei G H, MacDonald R C. Lipid Bilayer Vesicle Fusion: Intermediates Captured by High-Speed Microfluorescence Spectroscopy [J]. Biophysical Journal, 2003, 85: 1585-1599.

[76] Luo L B, Eisenberg A. Thermodynamic size control of block copolymer vesicles in solution[J]. Langmuir, 2001,17:6804-6811.

[77] Zhou Y F, Yan D Y. Suprmolecular self-assembly of giant polymer vesicles with controlled sizes[J]. Angew. Chem. Int. Ed. , 2004,43:4896-4899.

[78] Zhou Y F, Yan D Y. Real-time membrane fusion of giant polymer vesicles[J]. J. Am. Chem. Soc. , 2005,127:10468-10469.

[79] Su W, Luo Y H, Yan Q, et al. Photoinduced fusion of micro-vesicles self-assembled from azobenzene-containing amphiphilic diblock copolymers[J]. Macromolecular Rapid Communications, 2007,28:1251-1256.

[80] Sebai S C, Cribier S, Karimi A, et al. Permeabilization of lipid membranes and cells by a light-responsive copolymer[J]. Langmuir, 2010,26(17):14135-14141.

[81] Lu J J, Zhou F, Li L S, et al. Novel cyclic azobenzene-containing vesicles: Photo/reductant responsiveness and potential application in colon disease treatment[J]. RSC Advances, 2016,6(63):58755-58763.

[82] Wang Y J, Zhuang Y W, Gao J G, et al. Enantioselective assembly of amphipathic chiral polymer and racemic chiral smll molecules during preparation of micro-scale polymer vesicles[J]. Soft Matter,2016,12:2751-2756.

[83] Wang Y J, Zhang Z Z, Gao Y G, et al. Supramolecular chirality of amphiphilic block copolymer films made through two steps:self-assembling first, and then solution coating [J]. Soft Matter, 2017,13:7856-7861.

[84] Tsuda K, Dol G C, Gensch T, et al. Fluorescence from azobenzene functionalized poly (propylene imine) dendrimers in self-assembled supramoleculear Structures[J]. J. Am. Chem. Soc. , 2000,122(14):3445-3452.

[85] Nalluri S K M, Voskuhl J, Bultema J B, et al. Light-responsive capture and release of DNA in a ternary supramolecular complex[J]. Angew. Chem. Int. Ed. , 2011,50:9747-9751.

[86] Wang D R, Wang X G. Amphiphilic azobenzene polymers: Molecular engineering, self-assembly and photoresponsive properties[J]. Progress in Polymer Science, 2013,38: 271-301.

[87] Huang Y, Dong R J , Zhu X Y, et al. Photo-responsive polymeric micelles[J]. Soft Matter, 2014,10:6121-6138.

第6章 光纤波导太阳能收集器

太阳辐射穿过大气层到达地球表面时,辐射能量约为 1.7×10^{13} kW。这些辐射能量相当于当前全球总能源消耗量的数千倍。然而,在日照时间内,世界上绝大多数地区接收的太阳辐射能量都低于 1 kW·m^{-2},能量密度低,收集困难,直接导致较高的使用成本[1]。

最为普遍使用的太阳能收集方法是直接接收太阳辐射。就本章要讨论的光电转换过程而言,就是大面积地使用光伏组件,如图 6.1(a)所示的硅基太阳能电池组件。这种方法占地面积大,多用于沙漠等空旷地区,很难用于人口稠密的城市区域[24]。

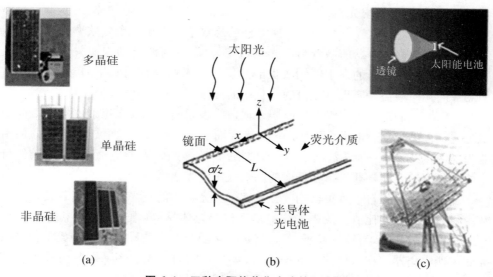

图 6.1 三种太阳能收集方式的示意图

(a) 直接接收太阳光辐照的硅基太阳能电池组件;(b)荧光波导太阳能收集器;
(c)采用聚光技术收集太阳能

另一种收集低密度太阳能的方法是聚光技术,如图 6.1(c)所示。这种收集方法采用光学透镜将太阳光聚集到小面积太阳能电池上,既能节省太阳能电池的用量,又能提高太阳能的收集效率。然而,在目前的技术条件下,这一方法对太阳能电池的热稳定要求较高,设备成本较高,经济效益和使用规模还不能与硅基太阳能电池组件相比[5,6]。

6.1　荧光波导太阳能收集器

　　将光致发光(荧光)技术与光波导技术相结合,将太阳光转变为荧光,再通过波导将光能传送给光伏材料,是一种被称为荧光波导太阳能收集器(Fluorescent Solar Concentrator,LSC)的太阳能收集方法,如图 6.1(b)所示。该方法的具体过程是:采用荧光波导材料来接收(实为荧光分子吸收)太阳光并产生荧光,然后利用波导将荧光转向,传输到波导端面处的太阳能电池上并转换为电能。这一过程的特点在于荧光分子可以选择性地吸收太阳辐射,在发电的同时,未被吸收的太阳光仍能够穿透波导平面得到进一步利用。例如,采用玻璃作为平面波导,这种太阳能收集方法可以用于构筑能发电的玻璃窗,将太阳能应用从空旷地区推广到建筑密集的城市地区,总体上提高了应用太阳能的能力[7,8]。

　　由于荧光现象是能量转换产生的,而且吸收短波长的可见光(激发光)和捕捉长波长的红外光(发射光)又类似于温室效应,因而荧光波导收集器又称为荧光温室效应收集器[9]。这样一个光伏转换器件的总效率取决于三个分效率:吸收效率、荧光效率和捕捉效率。前两者与荧光材料相关,后者与波导结构相关。研究这样一个收集器的最初目的在于使用较少的光伏材料来获得较高效率的光伏发电,增加器件的几何增益是实现这一目的最直接的方法。

　　几何增益的定义为集光器接收阳光辐射的表面面积与荧光出射的波导端面面积之比。例如,对于端面面积为 3 mm、表面面积为 1 m² 的平面波导而言,几何增益为 333。从这样一个增益出发,将高价格、高效率的太阳能电池与高增益、低价格的收集器结合能够获得价格低廉的高效太阳能光伏系统[10]。

　　真正的挑战来自于收集器的荧光效率。荧光物质的荧光效率是指其发射光子数占吸收光子数的比值。荧光物质包括无机半导体材料(原子簇)、有机荧光材料(分子)以及荧光纳米材料(量子点)。将荧光物质分散在波导之中就构成了荧光波导太阳能收集器。在这样的波导条件下,荧光物质的发光效率除了与荧光物质的结构、浓度和使用环境相关以外,还会受到自吸收的影响。

　　自吸收现象与荧光物质的斯托克斯(Stokes)位移相关。斯托克斯位移是物质吸收光谱的最大值与发射光谱最大值之间的差值。这一以人名命名的波长红移现象是为了纪念 1852 年发现这一现象的斯托克斯(George Gabriel Stokes)(参见第 1 章参考文献[13])。在吸收紫外 - 可见光时,荧光分子会从基态跃迁到激发态。相应的能级还含有数量不等的亚能级(振动能级),这一能级分布是造成稳态吸收和发射光谱成为宽带谱的原因之一。在斯托克斯位移存在条件下,这一宽带谱特性会造成吸收谱和发射谱之间存在部分交叠。对于光波导中的荧光物质,发射的荧光会沿着波导方向传播,同时也会被处于基态的荧光分子所吸收。这一现象称之为自吸收(Self-absorption or Reabsorption)现象。对于传输光程很长的光波导而言,这种自吸收会造成荧光谱的红移和荧光效率的降低。前者还会由于光伏材料的波长选择性造成光伏器件效率的降低。使用无规行走模型处理掺杂罗丹明 B 荧光染料太阳能集光器的结果表明,即使在光谱重叠区域的吸光度很小,也会极大地降低集光器的效率[11],这使得克服自吸收带来的效率降低成为荧光波导集光器发展的一个障碍。

　　解决自吸收问题需要从荧光材料入手,主要是在不降低荧光材料的量子效率前提下,尽量增加它们吸收和发射之间的斯托克斯位移量。相关工作涉及面很广,主要包括依据化学原理[12-18]和物理原理[19,20]设计的各种新型荧光波导结构,以获得各种低自吸收的荧光波导材料。合适的荧光材料目前只能够部分克服自吸收造成的损耗,完全解决自吸收问题还仍然是一个挑战型课题[8,21]。稀土有机络合物作为荧光材料可以得到超大 Stokes 位移量,已经用于荧光波导太阳能集光器的制备[18]。采用光纤作为波导,可以得到纤维状荧光波导太阳能收集器,并用于进一步研发能够发电的服装面料。光纤波导的特点就是长纤维状,光在其中传输的光程很长,因而自吸收造成的损耗就更加突出。从第2章介绍的有源聚合物光纤相关内容可知:稀土络合物能够与聚合物相容,很好克服聚集产生的荧光淬灭,保持稀土络合物具有的荧光量子效率。

　　另一方面,稀土络合物的荧光过程不同于有机分子的发光过程,首先由配体吸收激发光,通过系间转换弛豫到配体的三线态,再通过能量转移到稀土离子的激发态,最后回到稀土离子的基态,完成发光[22]。由此可见,稀土络合物通过配位键将吸基团和发射基团分开,使分子荧光的 Stokes 位移增加。如果使用稀土络合物作为荧光波导太阳能集光器的荧光分子,有可能有效降低自吸收这一损耗因素。

　　图 6.2 比较了稀土络合物与有机荧光染料的 Stokes 位移。两者相差一个数量级以上。从各种稀土络合物图的光谱也可以看出:吸收光谱与发射光谱之间没有叠加。使用自吸收率(Selfabsorption Ratio, S)可以定量表征这一差别。自吸收率定义为吸收光谱的最大吸收强度值与荧光光谱的最大发射峰位置的吸收强度值的比值[13]。按照这一定义:S 越大,吸收光谱与发射光谱的重叠越小,自吸收损耗也就越小。从图 6.2 中可以看出,罗丹明 6G 的自吸收率为 3.779,而稀土络合物的自吸收率为无穷大。由此可知,稀土络合物掺杂的聚合物光纤制作的荧光波导太阳能集光器是一种无自吸收的光伏器件。

　　可以采用琴键法测试不同长度光纤的荧光性质。如图 6.3(a)所示,翻开盖在光纤上由黑纸制作的不同数量的"琴键",侧向辐照的激发光会激发光纤内荧光分子发光。图 6.3(b)给出了铕络合物和罗丹明 6G 两种荧光染料掺杂光纤的实验结果:随着被辐照光纤的长度不断增加,铕络合物掺杂光纤的荧光强度增加而最大发射峰的位置不变;罗丹明 6G 掺杂光纤的情况则不同,随着光纤长度的增加,荧光

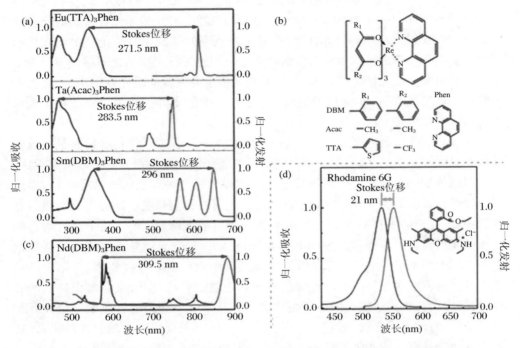

图 6.2　多种稀土络合物和典型有机荧光染料罗丹明 6G 的吸收和发射光谱、Stokes
　　　　位移和化学结构

强度增加的同时,最大发射峰的位置发生了红移[23]。另外一种侧向激发的方法是
改变激发点与接收荧光的光纤端面之间的距离,得到的实验结果与上述实验结果
是一致的:随着距离的增加,最大发射峰位置也发生红移。这一结果也是吸收光谱
和发射光谱重叠造成的[24]。上述实验结果证明:在侧向辐照的条件下,稀土掺光
纤的发射强度随着光纤长度的增加而增加;有机染料掺杂光纤的发射强度随着距
离增加而下降。这是由两类荧光分子的荧光性质所决定的。

　　一般而言,LSC 的荧光发射强度由吸收光获得的总能量、荧光波导能力以及器
件几何增益共同决定[9]。对于光纤制作的 LSC,染料发射出的荧光须经过较长的
传输路程才能抵达光电池;自吸收损耗对发射荧光强度的影响更为突出,成为影响
光纤 LSC 效率的关键因素[23]。对于光纤波导 LSC 而言,荧光光子从激发点(也是
荧光发射点)到荧光接收点(通常是光波导的端面位置)的传输过程中会被再吸收,
造成自吸收损耗。归一化的自吸收损耗因子(r)可由下式计算[13]:

$$r = \frac{\int_0^\infty d\lambda \int_{\theta_{crit}}^{\pi/2} \sin\theta d\theta \int_{-\pi/4}^{\pi/4} d\varphi f(\lambda)\left(1 - \exp\left[-\alpha(\lambda)\frac{t}{t_0}\frac{L}{2}\Big/\sin\theta\cos\varphi\right]\right)}{\int_0^\infty d\lambda \int_{\theta_{crit}}^{\pi/2} \sin\theta d\theta \int_{-\pi/4}^{\pi/4} d\varphi f(\lambda)}$$

$$(6.1)$$

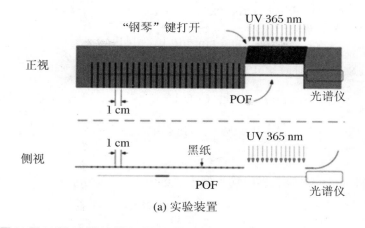

(a) 实验装置

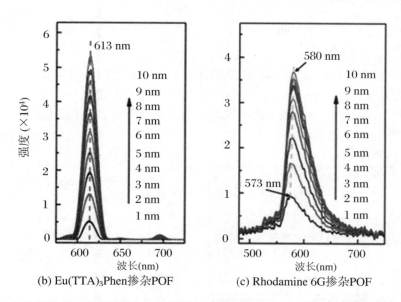

(b) Eu(TTA)₃Phen掺杂POF　　　　(c) Rhodamine 6G掺杂POF

图 6.3　不同长度稀土络合物掺杂和罗丹明 6G 掺杂聚合物光纤的端面出射荧光测试(琴键法)实验装置示意图(a)以及两者的端面出射荧光光谱的比较(b)和(c)

其中,$\alpha(\lambda)$为特定波长处的摩尔吸光度;L 是荧光传输路径的长度,近似为 LSC 长度;θ 是以光纤法线方向为基准的荧光发射方位角;φ 为仰角;$\theta_{crit} = \arcsin(n_{clad}/n_{core})$为全反射临界角;$t/t_0$ 表示染料掺杂层厚度与 LSC 整体厚度之比。对于在纤芯中掺杂荧光染料的光纤 LSC 而言,染料掺杂层厚度与 LSC 整体厚度相同,即 $t/t_0 = 1$,则 r 可以用下式计算得到:

$$r = \frac{\int_0^\infty d\lambda \int_{\theta_{crit}}^{\pi/2} \sin\theta d\theta \int_{-\pi/4}^{\pi/4} d\varphi f(\lambda)\left(1 - \exp\left[-\alpha(\lambda)\frac{L}{2}\Big/\sin\theta\cos\varphi\right]\right)}{\int_0^\infty d\lambda \int_{\theta_{crit}}^{\pi/2} \sin\theta d\theta \int_{-\pi/4}^{\pi/4} d\varphi f(\lambda)} \tag{6.2}$$

光纤 LSC 的几何增益可近似为 $G = L/(\pi R)$[25]，则有

$$r = \frac{\int_0^\infty d\lambda \int_{\theta_{crit}}^{\pi/2} \sin\theta d\theta \int_{-\pi/4}^{\pi/4} d\varphi f(\lambda)\left(1 - \exp\left[-\alpha(\lambda)\frac{\pi RG}{2}\Big/\sin\theta\cos\varphi\right]\right)}{\int_0^\infty d\lambda \int_{\theta_{crit}}^{\pi/2} \sin\theta d\theta \int_{-\pi/4}^{\pi/4} d\varphi f(\lambda)} \tag{6.3}$$

在染料分子的吸收和发射均为确定实数值条件下，分子分母同时消去相同项：

$$\int_0^\infty d\lambda \int_{-\pi/4}^{\pi/4} d\varphi f(\lambda)$$

并将单一波长处的朗伯-比尔定律带入，可得下式[13]：

$$r = 1 - \frac{\int_{\theta_{crit}}^{\pi/2} \sin\theta d\theta \int_{-\pi/4}^{\pi/4} d\varphi \exp\left[-2AG\lg10/S\sin\theta\cos\varphi\right]}{\pi/2\cos\theta_{crit}} \tag{6.4}$$

其中，A 为荧光染料最大吸收处的吸光度；S 为自吸收率；G 为几何增益。从(6.4)式可以看出：当自吸收率为无限大，即吸收和发射没有重叠时，$r=0$；当自吸收率为实数值时，R 为 0 到 1 之间的实数。图 6.4 给出了稀土络合物和罗丹明 6G 掺杂光纤 LSC 的计算结果。

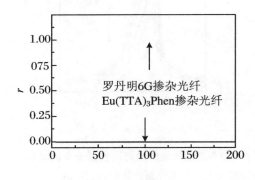
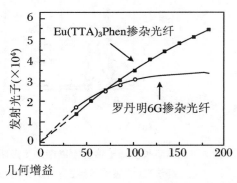

图 6.4　稀土络合物和罗丹明 6G 掺杂光纤 LSC 的自吸收损耗与几何增益关系比较

从两种掺杂光纤的归一化自吸收损耗因子与 LSC 几何增益的关系图（图 6.4(a)）可以看出：对于没有自吸收的稀土络合物 LSC 而言，无论几何增益是多少，都没有自吸收造成的损耗；而对于罗丹明 6G LSC 而言，自吸收造成的损耗在几何增益小于 100 时迅速增加，在几何增益达到 100 以上时，自吸收损耗达到恒定极值，自吸收损耗因子接近 100%。这一结果造成两种 LSC 的效率存在很大区别（图 6.4(b)）：在几何增益达到 100 左右时，罗丹明 6G LSC 的荧光量子数达到饱

和;而稀土络合物 LSC 的荧光量子数仍然随着几何增益的增加而增加。这一实际增益(荧光量子数)与理论增益(几何增益)的一致变化趋势,说明稀土络合物 LSC 的这一特性能够用于制备获得较大的器件量子效率的纤维状 LSC。

稀土络合物的自吸收损耗为零的特点,使得荧光波导太阳能收集器的外部量子效率可以简化为

$$\eta_{EQE} = \eta_Q \eta_{abs} \eta_{PL} \eta_{trap} \eta_G \tag{6.5}$$

其中,η 表示效率,下标标注对应的分别是:EQE 为外部量子效率,Q 为太阳能电池的光伏转换量子效率,abs 为荧光分子吸收太阳光的吸收效率,PL 是荧光分子的荧光量子效率,$trap$ 是波导对荧光的束缚效率,G 是 LSC 基质材料吸收等过程造成的损耗效率[13]。这一理论模型表明:决定外部量子效率的各因子,或与几何增益成正比(abs,PL,$trap$,G),或与几何增益无关(Q),导致没有自吸收损耗的 LSC 外部量子效率将与几何增益成线性正比关系。图 6.5 给出了平面波导构成的稀土 LSC 的实验结果,其中与几何增益成正比的线性关系充分说明了这一物理模型的正确性[26]。

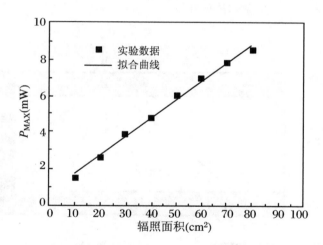

图 6.5　AM1.5G 标准光源辐照下,EuTT LSC 最大输出功率(外部量子效率)与不同辐照面积(几何增益)的关系[26]

在有自吸收损耗存在的条件下,式(6.5)转变为含有自吸收损耗因子的下式[13]:

$$\eta_{EQE} = \eta_Q \eta_{abs} \eta_{PL} \eta_{trap} (1 - r)/(1 - r\eta_{PL}\eta_{trap}) \tag{6.6}$$

其中,r 为式(6.1)定义的归一化自吸收损耗因子。从式(6.1)可以看出,由于 r 是与几何增益相关的量,所以这时的 LSC 的外部量子效率将与 LSC 的波导结构相关。

光纤形状 LSC 的物理模型是圆柱形波导 LSC[25,27]。特殊的形状会带来有特点的应用。例如,使用荧光光纤来收集太阳光并将荧光传导至光伏阵列,可以实现

织物发电[28]。

　　进行实验工作的同时，波导结构对 LSC 性质影响的相关理论工作也得到了开展。例如，从理论上比较圆柱形 LSC 与平板形 LSC 的损耗差别的结果表明：在接收光表面和 LSC 的体积相同条件下，荧光发射处于表面时，圆柱形 LSC 的集光能力是平板形 LSC 集光能力的 1.0～1.9 倍，荧光发射处于波导中心时，圆柱形荧光 LSC 的集光能力是平板形 LSC 集光能力的 2/5～9/10[25]。由此可见，对于圆柱形 LSC 而言，荧光发射位于圆柱体表面时，集光器具有更大的集光比。考察这种圆柱形波导中荧光分子的位置与自吸收损耗的关系，则需要构筑两种圆柱形 LSC：一种是荧光物质处于波导表面的荧光波导太阳能集光器（Cylindrical Coated Luminescent Solar Concentrator，CCLSC）；一种是荧光物质处于波导内部的荧光波导太阳能集光器（Cylindrical Doped Luminescent Solar Concentrator，CDLSC)[29]。图 6.6 给出了这两种 LSC 结构比较示意图。两者的区别从图 6.6(c) 中可以清楚看出：沿着圆柱形波导断面的半径方向，CCLSC 中的荧光染料集中在表面位置，内部荧光染料浓度为零；而 CDLSC 中的荧光染料在整个半径方向均匀分布。两者的荧光分子总摩尔浓度相同。

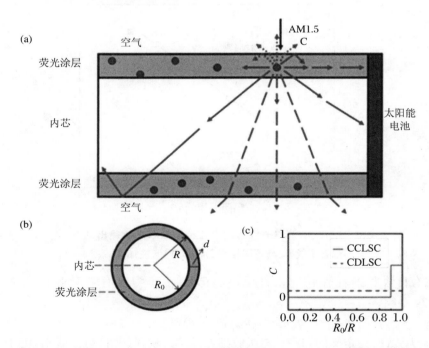

图 6.6　荧光物质处于波导表面的荧光波导太阳能集光器(CCLSC)的侧面
　　　　(a)和断面(b)的示意图，以及 CCLSC 和 CDLSC 中荧光分子沿断
　　　　面径向分布的示意图(c)

　　仍然采用罗丹明 6G 作为荧光染料,使用方程(6.4)来计算自吸收损耗因子。从图 6.2 可以看出,罗丹明 6G 的吸收和发射光谱存在明显重叠,且存在自吸收损耗,其程度可用光谱计算得到的自吸收率(S)来定量表征。另外,对于 CCLSC 而言,t/t_0 不等于 1。假设 CCLSC 的 t/t_0 为 0.01,CCLSC 与 CDLSC 的吸光度都是 2(这意味着集光器可以吸收 99% 的入射光),就可以得到以罗丹明 6G 为荧光物质的 CCLSC 与 CDLSC 自吸收概率的比值随着圆柱形 LSC 几何增益(G)的变化曲线,如图 6.7 所示。

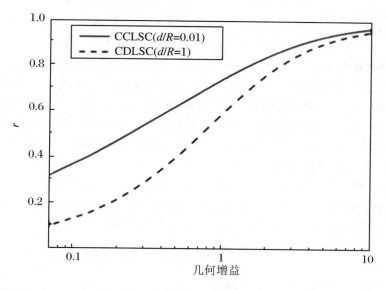

图 6.7　CCLSC 与 CDLSC 的自吸收损耗因子随 LSC 几何增益变化的比较

　　图 6.7 的结果显示:在较小的几何增益条件下,CCLSC 的归一化自吸收损耗明显高于 CDLSC 的归一化自吸收损耗,只有在几何增益大于 10 的条件下,两者的自吸收损耗才趋向同一值。这一差别主要是由荧光在两种 LSC 中的传播途径的长度不同造成的。对于光纤边缘产生的荧光(荧光可以看成是均匀发光的点光源)而言,同样长度的光纤波导中,传输途径的长度会略长于处于光纤中部的荧光传输途径。对于几何增益较小的 LSC 而言,这一性质尤为突出。然而,随着几何增益的增加,即光纤波导的长度增加,这种差别会减小,从而造成传输过程中产生的自吸收损耗差别也变小。由此可知,仅从自吸收损耗角度来看,CCLSC 和 CDLSC 的差别并不是很大。特别是在 LSC 通常要求较大几何增益的情况下,尤其如此。

　　除了自吸收损耗以外,影响 LSC 外部量子效率的因素还包括逃逸锥面损耗、基质吸收损耗等。比较这些因素对 CCLSC 和 CDLSC 的影响后得知:CCLSC 的荧光发射点位于圆柱体表面,对荧光的束缚效率较大,带来的增益抵消了较大的自吸收损耗和基质吸收损耗,使得以罗丹明 6G 为荧光物质、在给定的相同吸光度和几何增益的情况下,$d/R = 0.01$ 的 CCLSC 的光电转换效率是 CDLSC 光电转换效率的 $1.17\sim1.48$ 倍[29]。

由于几何增益的存在,历经 40 年研究的驱动力源于 LSC 能够降低太阳能光伏应用的成本。这是因为太阳能电池的成本太高,而使用 LSC 将会降低太阳能电池的用量(仅用在波导端面)。然而,LSC 设想仍然没有进入商业化使用。究其原因在于其效率较低。在消除自吸收造成损耗的同时,为了满足太阳光谱中光强与波长的关系,合成特殊荧光材料也是提高 LSC 效率的有效方法。

图 6.8 给出了两种稀土络合物的化学结构。它们的第一配体的化学结构相同,而第二配体的化学结构不同,分别为 Phen 和 Dpbt[30]。第二配体又称为协同配体(Synergetic Ligand),是一种零价配体。选用合适的第二配体,不仅能够减小非辐射跃迁,还会使络合物的光谱性质发生很大变化[31]。从图 6.8 可见,用 Dpbt 取代 Phen,络合物的吸收光谱会发生红移,扩展到可见光区。而由于稀土络合物的 Stokes 位移较大,络合物的发射光谱不受影响。使用两种络合物制作的 LSC 具有不同的外部量子效率:在标准太阳光光源(AM1.5 G)照射下,$Eu(TTA)_3Dpbt$ 制作的 LSC 的外部量子效率要比 $Eu(TTA)_3Phen$ 制作的 LSC 的外部量子效率高 11%。这一结果源自于前者的吸收光谱的扩展[30]。这一工作还证明:在利用稀土络合物没有自吸收的特性基础之上,进一步扩展稀土络合物的吸收光谱能够继续提升稀土络合物 LSC 的外部量子效率。

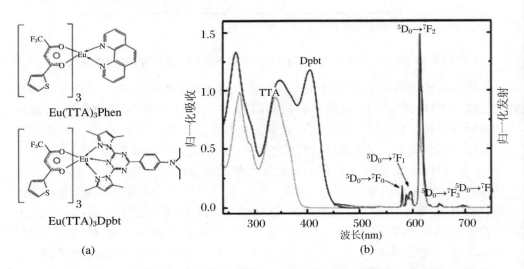

图 6.8　两种稀土络合物的化学结构(a),以及各自的吸收光谱和发射光谱(b)

光谱测试样品是 1.6%-wt 稀土络合物浓度的聚乙烯醇缩丁醛薄膜

6.2　硅基光伏组件的 EVA 增效膜

在探索各种提高效率的材料和光学技术的同时[8,32-33]，荧光材料的设计同样可以用于提高光伏组件的效率。目前，在光伏领域，以硅基太阳能电池为核心材料的光伏组件仍然是最为普及的一种光伏转换方式[2-4]。从材料角度看，按太阳光从上到下的照射方向，光伏组件由玻璃、EVA 胶、硅基太阳能电池、EVA 胶、背板材料所构成。其中 EVA 胶是一种乙烯和醋酸乙烯酯共聚物薄膜热熔胶，用于将组件中的功能层材料黏结起来。由于太阳辐射强度存在波长依赖性，光伏组件对不同波长的光会产生不同的光伏转换效率。例如，对于紫外或蓝光的转换效率就低于对较长波长光的转换效率[34]。另外，高能量的紫外光也会在光伏组件中被吸收，通过光化学反应产生热，造成材料老化，导致光伏组件的效率降低[35]。一种克服紫外光损耗的方法就是选择波长下的转换材料，将紫外光转换到波长较长的可见光[34]，相应的理论模拟结果表明：通过在太阳能电池表面黏附荧光染料掺杂薄膜可以减少这种损耗，提高光伏组件效率[36]。

在选择荧光染料的过程中，从相容性考虑，首先考虑有机荧光染料。对于掺杂荧光素 570（Lumogen-F Violet 570）的 EVA 胶薄膜封装的多晶硅基太阳能电池来说，在 300～400 nm 波长范围内，外部量子效率增加了 10%，组件的绝对效率增加了 0.18%[37]。由于较大 Stokes 位移和无自吸收效应，稀土络合物再次获得重视，用于硅基光伏组件的增效[38]。最初的验证性实验是直接将稀土络合物掺杂薄膜黏附在硅基太阳能电池表面[38,39]。从实际应用角度考虑，能够直接用于光伏组件生产线的方法是将稀土络合物与 EVA 共混，然后，用于生产稀土掺杂 EVA 胶薄膜。为此，实验室研究中可以采用浸渍方法，即将商用的 EVA 胶膜浸渍到稀土络合物溶液中，通过控制浸渍时间来控制稀土掺杂量，然后，按照工业生产方法使用含稀土 EVA 胶膜进行多晶硅太阳能电池封装[40]。

现有研究工作仍然是围绕充分利用稀土络合物的结构与发光性质的关系，针对降低光伏成本，提高光伏组件效率的目标开展。例如，选用的稀土络合物略微不同于 LSC 选用的稀土络合物[30]，特别强调合成稀土络合物的成本，同时考虑荧光量子效率、吸收光谱的波长范围等[40]。

研究中选用的两种稀土络合物分别为 Eu（TTA）₃（TPPO）₂（EuTT）和 Eu（TTA）₃Dpbt（EuTD），图 6.9 给出了它们的化学结构、吸收光谱和发射光谱。特别值得指出的是：EuTT 的吸收光谱类似于 Eu（TTA）₃Phen 的吸收光谱（图 6.8），而两种络合物的第二配体的合成难易程度造成它们的成本差异相差很大[40]。从图 6.9 中还可以看出，EuTT 和 EuTD 的吸收光谱差别很大，后者的吸收已经扩展到 450 nm。相比图中所示的空白光伏组件的外部量子效率曲线可以看出,在这一波长区域,光伏组件的量子效率已经很高,通过波长下转换能否提高光伏组件的外部量子效率?相同条件下比较 EuTT 和 EuTD 掺杂 EVA 胶膜封装光伏组件的外部量子效率能够回答这一问题。

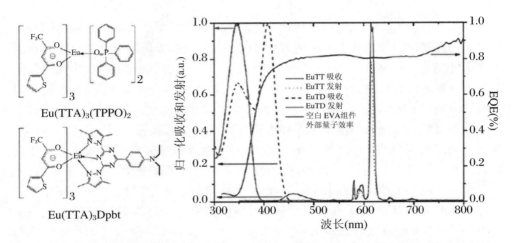

图 6.9　用于光伏组件增效的两种稀土络合物的化学结构、吸收光谱、发射光谱以及空白 EVA 胶膜封装光伏组件的外部量子效率的波长依赖性

图 6.10 给出了三种条件下的光伏组件外部量子效率的波长依赖性比较。其中插图是未封装的晶硅太阳能电池片的外部量子效率的波长依赖性测试结果。两次测试结果表明测试方法是稳定的。与封装后的组件相比,外部量子效率的波长依赖性发生了显著变化。在 300~400 nm 波长范围内,空白 EVA 胶膜封装的组件的外部量子效率(EQE)相比未封装太阳能电池片的 EQE 降低了一些,这说明封装材料(玻璃和 EVA 胶膜)对太阳光存在吸收和折射,使得太阳能电池片接收到的短波长太阳光减少,EQE 度低。使用 EuTT 掺杂 EVA 胶膜封装的光伏组件表现出明显的 EQE 升高,这是胶膜吸收了紫外光后,将能量转换为长波长的光,再经太阳能电池产生电能对 EQE 的贡献。值得注意的是:使用 EuTD 掺杂 EVA 胶膜封装的光伏组件在 350 nm 左右的 EQE 升高,而在 400 nm 左右的 EQE 则发生了较大幅度的降低。这一结果是由于稀土络合物的配体吸收扩展到了可见光区,而可见光区是多晶硅太阳能电池的高效光伏转化波长范围造成的[40]。这一结果显然不同于波导太阳能收集器的情况[30]:配体吸收光谱的扩展能够提高 LSC 的 EQE。另一方面,EuTT 的荧光量子效率达到 73%。由此可见,选择具有合适的吸收波长范围,同时又具有较高荧光量子效率的稀土络合物制作光伏组件封装胶膜,才有可能有效地提高光伏组件的外部量子效率。

EuTT 掺杂 EVA 胶膜封装太阳能组件的 EQE 提高的绝对数值为 0.42%[40]。光伏组件的效益不仅限于 EQE 的提高,还要考虑增加稀土络合物所造成的组件价

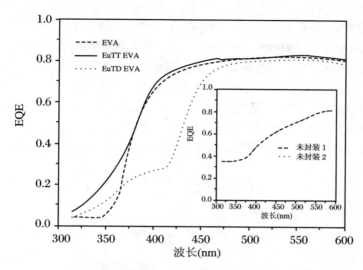

图 6.10　三种 EVA 胶膜封装的光伏组件的外部量子效率的波长依赖性

插图为未封装多晶硅太阳能电池片的外部量子效率的波长依赖性

格的升高。为了制备厚度为 0.5 mm、在 347 nm 处光学吸光密度为 2 的 1 m^2 荧光下转换 EVA 胶膜，大约需要 570 mg 的 EuTT。根据市场价格，EuTT 的原料成本约 5 元 · g^{-1}[41]。因此，1 m^2 多晶硅光伏组件的额外成本约为 2.5 元。2013 年多晶硅光伏组件的出厂价格为 900 元 · m^{-2}，而其光电转换功率约为 150 W · m^{-2}，考虑到组件成本和荧光下转换薄膜的成本，则利用荧光下转换 EVA 胶膜封装的多晶硅光伏组件的发电成本（元/W_p）$_{PV}$（以每瓦的价格衡量）为

$$（元 / W_p）_{PV} = \frac{组件价格 / m^2 + LDS 价格 / m^2}{W_p / m^2 \times (1 + \Delta\eta_{相对})} \tag{6.7}$$

其中，$\Delta\eta_{相对}$ 是利用荧光下转换 EVA 胶膜带来光伏转换效率的相对增益值。对于 EuTT 掺杂 EVA 胶膜封装太阳能组件来说，通过图 6.10 的数据，计算可得 $\Delta\eta_{相对}$ 为 2.6%。根据式(6.7)计算可得，利用 EuTT 掺杂 EVA 胶膜封装的多晶硅光伏组件光电转换效率增效值可以将多晶硅光伏组件发电成本从 6.00 元/W_p 降到 5.86 元/W_p[40]。

　　硅基太阳能光伏组件是利用太阳光获得电能的主要技术方法。自从 2011 年提出在封装 EVA 胶膜中引入荧光材料来提高组件的光伏转换效率以来[37]，实验室已经完成技术路线的探索，并正在进入产业化过程中。未来的工作还包括引入波长上转换材料，将硅基太阳能电池响应较弱的长波长的近红外光转换到响应较强的、短波长的可见光，从而提高硅基太阳能电池的光伏效率。将低能量的光转换到高能量的光，常识告诉我们这是很难的任务，特别是对于平均能量密度较低的太阳光能量来说，更加增添了困难。非线性光能上转换需要较强的外界帮助。例如，在高强度激光泵浦下，一些材料可以完成这一任务[42]。要在较弱的太阳光辐照下

完成这一非线性过程是不可能的。针对这一问题，一种能够在低能量密度光的辐照下实现光能上转换的概念已经被提出：三线态湮灭上转换（Triplet-Triplet Annihilation Upconversion，TTA-UC）。三线态湮灭系统通常包含两个部分：一是敏化体；二是发射体。前者吸收光通过系间跨越将能量传递到三线激发态，再将能量传递到发射体的三线激发态。两个发射体的三线激发态相遇会发生三线态湮灭，产生延迟荧光[43]。由于敏化体吸收光子是线性过程，在弱光条件下 TTA-UC 就可以发生，这打开了弱光产生光能上转换的大门[44]。这一能量上转换过程已经用于太阳能光伏转换[45]，仍然存在的挑战是提高 TTA-UC 的转换效率和降低相关材料的成本。

参 考 文 献

［1］ https://en.wikipedia.org/wiki/Solar_energy.

［2］ Shah A，Torres P，Tscharner R，et al. Photovoltaic technology：The case for thin-film solar cells[J]. Science，1999，285(5428)：692-698.

［3］ Goetzberger A，Hebling C，Schock H W. Photovoltaicmaterials，history，status and outlook[J]. Materials Science and Engineering：R，2003，40：1-46.

［4］ Razykov T M，Ferekides C S，Morel D，et al. Solar photovoltaic electricity：Current status and future prospects[J]. Solar Energy，2011，85：1580-1608.

［5］ Benitez P，Minano J C，Zamora P，et al. High performance Fresnel-based photovoltaic concentrator[J]. Optics Express，2010，18：A25-A40.

［6］ Xie W T，Dai Y J，Wang R Z，et al. Concentrated solar energy application using Fresnel lenses：a review[J]. Renewable and Sustainable Energy Reviews，2011，15：2588-2606.

［7］ Norton B，Eames P C，Mallick T K，et al. Enhancing the performance of building integrated photovoltaics[J]. Solar Energy，2011，85：1629-1664.

［8］ Correia S F H，Veeronica de Zea Bermudez，Ribeiro S J L，et al. Luminescent solar concentrators：Challenges for lanthanide-based organic-inorganic hybrid materials[J]. J. Mater. Chem.：A，2014，2：5580-5596.

［9］ Weber W H，Lambe J. Luminescent greenhouse collector for solar radiation[J]. Applied Optics，1976，15(10)：2299-2300.

［10］ Batchelder J S，Zewail A H，Cole T. Luminescent solar concentrators. 1：Theory of operation and techniques for performance evaluation[J]. Applied Optics，1979，18(18)：3090-3110.

［11］ Olson R W，Loring R F，Fayer M D. Luminescent solar concentrator and the reabsorption problem[J]. Applied Optics，1981，20(17)：2934-2940.

［12］ Barnham K，Marques J L，Hassard J. Quantum-dot concentrator and thermodynamic model for the global redshift[J]. Applied Physics Letters, 2000, 76(9):1197-1199.

[13] Currie M J, Mapel J K, Heidel T D, et al. High-efficiency organic solar concentrators for photovoltaics[J]. Science, 2008, 321(5886): 226-228.

[14] Mulder C L, Theogarajan L, Currie M, et al. Luminescent solar concentrators employing phycobilisomes[J]. Advanced Materials, 2009, 21:3181-3185.

[15] Verbunt P P C, Kaiser A, Hermans K, et al. Controlling light emission in luminescent solar concentrators through use of dye molecules aligned in a planar manner by liquid crystal[J]. Advanced Functional Materials, 2009, 19:2714-2719.

[16] Saraidarov T, Levchenko V, Grabowska A, et al. Non-self-absorbing materials for Luminescent Solar Concentrators(LSC)[J]. Chemical Physics Letters, 2010, 492:60-62.

[17] Shcherbatyuk G V, Inman R H, Wang C, et al. Viability of using near infrared PbS quantum dots as active materials in luminescent solar concentrators[J]. Applied Physics Letters, 2010, 96(19):doi: 10.1063/1.3422485.

[18] Wilson L R, Rowan B C, Robertson N, et al. Characterization and reduction of reabsorption losses in luminescent solar concentrators[J]. Applied Optics, 2010, 49(9): 1651-1661.

[19] Bailey S T, Lokey G E, Hanes M S, et al. Optimized excitation energy transfer in a three-dye luminescent solar concentrator[J]. Solar Energy Materials and Solar Cells, 2007, 91:67-75.

[20] Giebink N C, Wiederrecht G P, Wasielewski M R. Resonance-shifting to circumvent reabsorption loss in luminescent solar concentrators[J]. Nature Photonics, 2011, 5(11): 694-701.

[21] Erickson C S, Bradshaw L R, McDowall S, et al. Zero-reabsorption doped-nanocrystal luminescent solar concentrators[J]. ACS Nano, 2014, 8(4):3461-3467.

[22] 李文连. 稀土有机配合物发光研究的新进展[J]. 化学通报, 1991(8):1-9.

[23] Wu W X, Wang T X, Wang X, et al. Hybrid solar concentrator with zero self-absorption loss[J]. Solar Energy, 2010, 84:2140-2145.

[24] Sheeba M, Rajesh M, Mathew S, et al. Side illumination fluorescence emission characteristics from a dye doped polymer optical fiber under two-photon excitation[J]. Applied Optics, 2008, 47(11):1913-1921.

[25] Mcintosh K R, Yamada N, Richards B S. Theoretical comparison of cylindrical and square-planar luminescent solar concentrators[J]. Applied Physics B. , 2007, 88:285-290.

[26] Wang T X, Zhang J, Ma W, et al. Luminescnet solar concentrator employing rare earth complex with zero self-absorption loss[J]. Solar Energy, 2011, 85:2571-2579.

[27] Inman R H, Shcherbatyuk G V, Medvedko D, et al. Cylindrical luminescent solar concentrators with near-infrared quantum dots[J]. Optics Express, 2011, 19(24): 24308-24313.

[28] Sulima O V, Cox J A, Sims P E, et al. Fluorescent fibers coupled to monolithic photovoltaic arrays for sunlight conversion[J]. Materials Research Society Symposium Proceedings, 2003, 736:239-244.

[29] Wang T X, Yu B, Chen B, et al. A theoretical model of a cylindrical luminescent solar concentrator with a dye-doping coating[J]. Journal of Optics, 2013, 15: doi: 10. 1088/2040-8978/15/5/055709.

[30] Wang X, Wang T X, Tian X J, et al. Europium complex doped luminescent solar concentrators with extended absorption range from UV to visible region[J]. Solar Energy, 2011, 85: 2179-2184.

[31] Guan J B, Chen B, Sun Y Y, et al. Effects of synergetic ligands on the thermal and radiative properties of Eu(TTA)$_3$$n$L-doped poly(methyl methacrylate)[J]. Journal of Non-Crystalline Solid, 2005, 351: 849-855.

[32] Parel T S, Danos L, Fang L P, et al. Modeling photon transport in fluorescent solar concentrators[J]. Progress in Photovoltaics: Research and Applications, 2015, 23: 1357-1366.

[33] Assadi M K, Hanaei H, Mohamed N M, et al. Enhancing the efficiency of luminescent solar concentrators(LSCs)[J]. Appl. Phys. A, 2016, 122: 821.

[34] Klampaftis E, Ross D, McIntosh K R, et al. Enhancing the performance of solar cells via luminescent down-shifting of the incident spectrum: A review[J]. Solar Energy Materials and Solar Cells, 2009, 93: 1182-1194.

[35] Strumpel C, McCann M, Beaucarne G, et al. Modifying the solar spectrumto enhance silicon solar cell efficiency: An overview of available Materials[J]. Solar Energy Materials and Solar Cells, 2007, 91: 238-249.

[36] Thomas C P, Wedding A B, Martin S O. Theoretical enhancement of solar cell efficiency by the application of an ideal 'down-shifting' thin film[J]. Solar Energy Materials and Solar Cells, 2012, 98: 455-464.

[37] Klampaftis E, Richards B S. Improvement in multi-crystalline silicon solar cell efficiency via addition of luminescent material to EVA encapsulation layer[J]. Progress in Photovoltaics: Research and Applications, 2011, 19: 345-351.

[38] Donne A L, Acciarri M, Narducci D, et al. Encapsulating Eu^{3+} complex doped layers to improve Si-based solar cell efficiency[J]. Progress in Photovoltaics: Research and Applications, 2009, 17: 519-525.

[39] Liu J, Wang K, Zheng W, et al. Improving spectral response of monocrystalline silicon photovoltaic modules using high efficient luminescent down-shifting Eu^{3+} complexes[J]. Progress in Photovoltaics: Research and Applications, 2013, 21: 668-675.

[40] Wang T X, Yu B, Hu Z J, et al. Enhanceing the performance of multi-crystalline silicon photovoltaic module by encapsulating high efficient Eu^{3+} complex into it pre-existing EVA layer[J]. Optical Materials, 2013, 35: 1118-1123.

[41] Teotonio E E S, Fett G M, Brito H F, et al. Evaluation of intramolecular energy transfer process in the lanthanide(Ⅲ) bis- and tris-(TTA) complexes: Photoluminescent and triboluminescent behavior[J]. Journal of Luminscence, 2008, 128: 190-198.

[42] Haase M, Schafer H. Upconverting nanoparticles[J]. Angew. Chem. Int. Ed. , 2011, 50: 5806-5829.

[43] Singh-Rachford T N, Castellano F N. Photon upconversion based on sensitized triple-ttriplet annihilation[J]. Coordination Chemistry Reviews, 2010,254:2560-2573.

[44] Vadrucci R, Weder C, Simon Y C. Low-power photo upconversion in organic galsses [J]. Journal of Materials Chemistry C,2014,2:2837-2841.

[45] Borjesson K, Dzebo D, Albinsson B, et al. Photon upconversion facilitated molecular solar energy storage[J]. Journal of Materials Chemistry A, 2013,1:8521-8524.

后　记

本书献给母校——中国科学技术大学建校 60 周年,同时也是我进入母校学习、工作 40 年的周年纪念。

我从 7 岁上学,到 17 岁中学毕业,再加上 4 年上山下乡,进入大学学习时已经是 21 岁。如今又有 40 年过去了,转眼已进入耳顺的人生阶段。一辈子处于学习和科学研究之环境,许多感悟存于内心,记下学术方面的内容作为本书的后记。

最为感悟的是对"科学"的认识。记得刚刚进入大学时,我内心充满了进入中国科学技术大学的自豪和进行科技攻关的愿景,期盼着什么时候能够获得研究成果。现在回头看去,当时对什么是科技都不懂,只是带着对科技的崇拜,首选报考并进入了中国科学技术大学学习,想当然地认为自己已经在进行科学工作,只要努力,应该能够获得成果。

对于我们这一代人来讲,学习不算什么。本来自己在中学学习期间就是佼佼者,进入大学,又恰赶上提倡科学技术的时代,主、客观都在激励着自己刻苦学习。尽管科大冠以重数理化基础而出名,但是种种辛苦都由于自己有兴趣而变得毫无感受。所以一口气从本科读到博士,没有明确理由,只是怀揣着考上大学时的初心,顺着多数同学的大流而行。

真正的思考始于博士毕业。1988 年我博士毕业,时值科学的春天(1978 年)已近 10 年。虽然当时博士不多,但是大多毕业生也都有毕业后做什么的问题。记得在毕业前,老师召集即将毕业的学生开会,听听每一位同学的打算。当听到同学讲自己想开展的科研工作时,老师总会说出某某实验室已经在开展这项工作。实际上,当时我们对科学的理解仅仅限于前人没有做过的研究工作。只要是已经有人在做,就认为没有必要再做这方面的工作。会后,乃至毕业后一段时间,我都面临不知做什么的困境。虽为大学教师,教学、科研工作并重,但什么是科学的问题仍然没有解决。

我的第一个科研课题是稀土掺杂聚合物光纤放大器研究。相关研究是本书第 2 章有源聚合物光纤的主要内容。从材料设计到获得光纤放大介质材料共用去了 10 年时间。紧张的科研工作之余,我还没有忘记自己一直所思考的问题:什么是科学?

系统的思考始于我给研究生开设的一门选修课,即"光子学聚合物"。在与学生的探讨过程中,科学概念的内涵逐渐清晰:科学是对未知的探索,包括未知的知识和规律。这个过程是没有终点的。科学进步的历史就是好奇心推动的对未知领域的探索史。

这样一种定义不同于科学是正确知识的定义。"科学"一词是一个外来词。五四运动时期的新文化运动使"德先生"和"赛先生"进入中国文化，而"赛先生"就是指科学。这样一种引入，使得"赛先生"一下就成为中国文化的"新圣人"，所以用她来代表正确的知识确实方便大众理解，方便进入中国文化。

然而，这样一种理解，给中国科学技术的发展带来了两朵乌云。一是科学成为了一种工具，把人类进行的、对未知世界进行探索的活动分成两类：科学与反科学；二是削弱了科学定义中的探索内涵。人们的目光更多地放在已有的知识，而不是放在尚未获得的知识。这两朵乌云压制了中国文化中的创新因素。

一个最为显著的例子是，当面对一篇论文，或是一项科研工作时，很多学生回答不出文章或科研工作中包含的科学问题，多数只能答出论文或科研工作的研究内容。众所周知，一个好的问题往往胜过好的答案。当大多数学生不能提出好的问题时，不跟风的科研又来自何处？

40年的大学生涯，包括学生和教师两个阶段，使我对什么是大学也逐渐形成了自己的认识。曾几何时，"所谓大学者，非谓有大楼之谓也，有大师之谓也"的论述给出了大学的内涵。中国科学技术大学也曾以有郭沫若、严济慈、钱学森等一批大师任教而备感自豪。时至今日，人类社会已经进入信息化社会，互联网、物联网、大数据分析等信息工具将海量信息瞬时送到每一个人的面前，使得个体的科学视野迅速扩大，专业深度日趋深入。跨领域的创新工作鲜有出现，真正的创新只能在窄窄的专业领域获得，开创性成果仅会得到很少专业人士的认可。这是人的有限生命过程所决定的。将有限的生命投入到无限的科学中去已成为科学工作者的宿命。

什么是大学？为什么要上大学？时常出现在考生们的心中。毋庸置疑，大学是人类知识的传承地，是培养未来引领社会发展人才的园区。

就培养人来说，大学要给受教育者以人格的培养，使他们成为能够引领未来社会发展的人才。这就要求通过大学学习，不仅要获得支撑目前社会发展的相关知识，还要获得发展未来社会的新知识。通过这一学习过程，合格的毕业生还要通过培养，具备学会学习和创造知识的能力。

作为知识的传承地，大学的学科建设要全面，更重要的是要有传承。传承包括接受已有的知识和开创新的知识。前者对应于教学，后者对应于科学研究。

从上述对大学的描述可以看出，大学是最好的基础研究单位。理想条件下，没有考评，没有指标，一代又一代有限生命的教师凭着自己的兴趣在各个不同学科领域进行着无限的新知识探寻，同时将学生带到知识的前沿，共同汲取着建设未来社会所需的新知识。一个社会，不是所有人都要成为领导人，也不是所有人都要上大学。只有那些清楚大学是什么，并有愿望成为未来社会不同专业领域领导人的年轻人才是最好的大学候选生。

科学是对未知的探索。科学研究是什么？科学研究是科学概念的次级概念。如果说科学是哲学领域的一级概念，那么科学研究就是指科学概念中一项更为具体的内容。这一概念还包括基础性科学研究（基础研究）和应用性科学研究（应用研究）。前者也常称为纯科学研究。此类研究涉及人类知识的传承，没有基础研究，社会就会停滞不前。然而，这种研究给社会的贡献是隐形的，常常不能给人类生活带来直接的感受。只有通过相应的技术发明和工程发展，才能将新知识转化为人类生活能够感受到的进步。围绕一个具体需求进行的科学研究是应用性科学研究。这种需求推动的科学研究占目前科学项目的多数。与技术性和工程性工作不同，这一类工作中仍然存在太多的未知，所以仍然属于科学研究。从纯科学研究始，到工程性工作终，一个满足人们生活需求的创新性产品才能得以完成。这其中的管理一直是社会制度中不可或缺的一部分。我个人经历过产、学、研结合模式，独立开发模式，科研项目模式，企业项目模式，政府项目模式等管理模式，深感这类管理是一个涉及很多部门的综合过程。处于不同工作领域和不同背景的人员，需要建立共同语言、互利原则等等。作为大学教师，除非放弃前述的大学范畴内的工作，否则很难完成上述从科学研究成果到创新性产品的过程。本书涉及的新材料和新技术都有可能成为造福人类的新产品，多是由于这一原因而尚未完成。

作为大学教师，一生的工作已经接近尾声。回顾报考大学时的初心，深感自己的一生还是很幸福的。作为具有很强好奇心，又喜欢表达自己理念的人，我选择大学教师作为职业是正确的。在个人幸福感得到满足的同时，也为人类知识的传承和人才培养做出了自己的贡献。本书作为自己二十多年科研工作的总结，自认为很好地表达了自己对聚合物专业领域的贡献。追根求源，专著的内容是由一篇篇发表在学术期刊上的论文所构成的。除了知识方面的贡献，这些学术工作还培养了众多的学生。尽管他们今天工作在不同的岗位，但大学学习获得的学术训练将使他们的创新能力得到提高，使他们在各自岗位上发挥着应有的领导责任。特别是，对于仍然在学术领域工作的学生，将会在本专著涉及的领域继续开创新知识、新规律，将无限的科学研究继续进行下去。归根结底，科学是一代人一代人不断传承的事业。

科学的高峰不断出现，希望永远存在。

作　者
2018 年 5 月

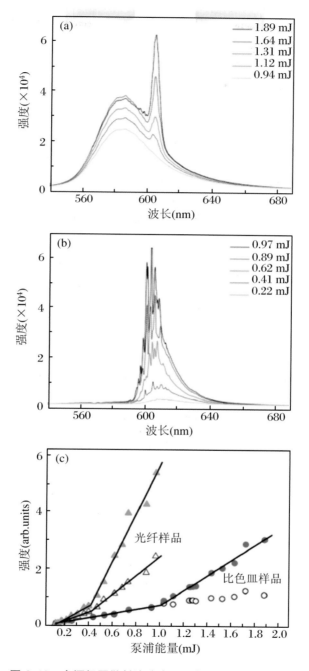

图 2.12　有源极弱散射溶液在不同条件下的发射光谱

（a）比色皿、（b）空心光纤，以及（c）空芯光纤样品在不同泵浦功率条件下的光纤。染料浓度：1.47 mmol·L^{-1}；POSS 浓度：11.3%-wt

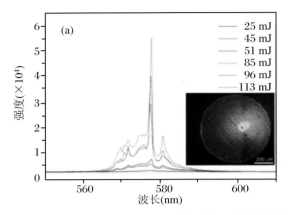

图 2.14　在不同泵浦能量条件下，有源散射聚合物光纤样品的随机激光发射光谱(a)和随机激光强度与泵浦能量之间的关系(b)

光纤样品：染料含量为 0.14%-wt，POSS 含量为 22.9%-wt。泵浦光源：锁 Q-Nd：YAG：532 nm，脉冲宽度：10 ns，重复速率：10 Hz

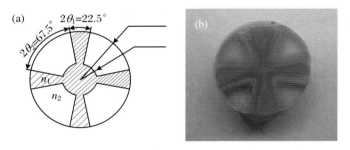

图 3.4　具有 4 瓣截面的瓣状聚合物光纤的设计(a)和按照这一设计制备的 Eu(DBM)₃Phen 掺杂瓣状聚合物光纤预制棒截面的照片(b)

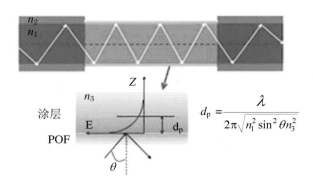

$$d_p = \frac{\lambda}{2\pi\sqrt{n_1^2 \sin^2\theta n_3^2}}$$

图 4.1　光在光纤波导中的全反射以及倏逝场的示意图

上图为光在光纤芯的光密介质(n_1)与除去包层后的光疏介质(n_3)的界面处形成的倏逝场(粉红色)；下图为倏逝场的场强分布及其与材料参数和光线入射角的定量关系

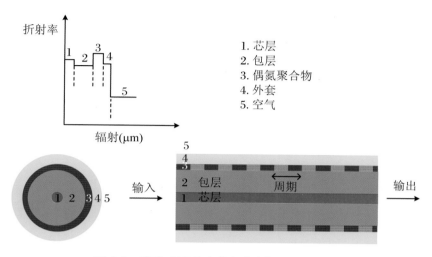

图 4.2　玻璃-偶氮聚合物复合光纤光栅模型图

左上坐标系表明沿光纤断面折射率的分布。模型图中各部分尺寸均可进行调节，并通过这些参数的调节优化玻璃-偶氮聚合物光纤光栅的性能

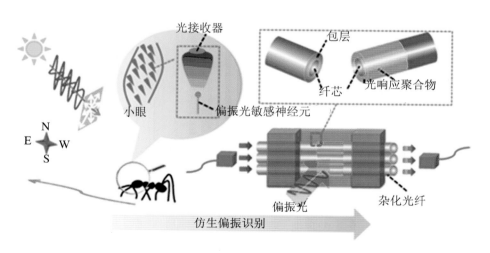

图 4.13　偏振识别过程的示意图

其中对偏振光高度敏感的光接收器(Photoreceptors)对应于昆虫复眼中的感杆，可以用偏振敏感的聚合物-玻璃复合光纤进行仿生

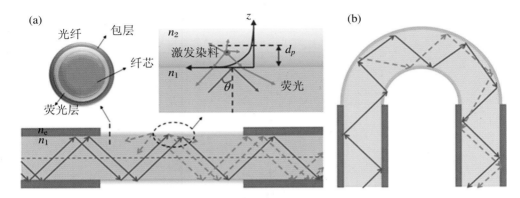

图 4.20　倏逝场型 POF 光纤荧光传感器原理(a)和 U 形 POF 光纤光传输原理(b)的示意图

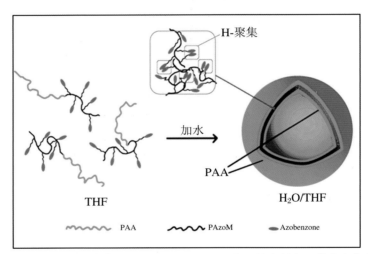

**图 5.17　由两亲性嵌段聚合物(PAzoM-b-PAA)在极性溶剂中组装成为囊泡的
过程和囊泡结构示意图**